LUMINAIRE
光启

守望思想　逐光启航

规训的情感

羞耻

[美] 彼得·N.斯特恩斯 著

聂永光 译

上海人民出版社

LUMINAIRE BOOKS
光启书局

总　序

王晴佳

上海人民出版社·光启书局建立情感史的书系，其宗旨是引荐当代世界高质量的相关论著，为读者提供选题新颖、内容扎实、译文流畅的作品，以助国内学术界、史学界推动和扩展情感史这一新兴的历史研究流派。本书系的计划是在今后的数年中，每年精心挑选和出版数种相关著作，以飨对情感史这一研究领域兴趣日益高涨的读者。

对于大多数读者来说，情感史还是一个比较陌生的领域。事实也的确如此。中国学术界首次接触"情感史"这一名称，与2015年国际历史科学大会在中国济南的召开，大有关系。素有"史学界的奥林匹克"之称的国际历史科学大会，每五年才举行一次；2015年是该组织首次在欧美之外的地区集会。该次大会的四大主题发言中，包含了"情感的历史化"这一主题，十多位学者齐聚一堂，发言持续了整整一天。这是情感史在中国史学界的首次亮相，而情感史能列为该大会的四大主题之一，也标志这一新兴的研究流派已经登堂入室，成为当今国际史坛最热门和重要的潮流之一。

值得重视的是，自2015年至今天，虽然只有短短六年，但情感史的研究方兴未艾，论著层出不穷，大有席卷整个史坛之势。这一蓬勃发展的趋势似乎完全印证了美国情感史先驱芭芭拉·罗森宛恩（Barbara Rosenwein）在2010年所做出的预测："情感史的问题和方法将属于整个历史学。"德国情感史研究的新秀罗伯·巴迪斯（Rob Boddice）在其2018年的新著《情感史》一书的起始，也对该流派在今天的兴盛发达发出了由衷的感叹："在过去的十年中，情感史的论著出版和研究中心的成立，其增长数字是极其惊人的（astonishing）。"那么，情感史研究的吸引力在哪里？它在理论和方法上有什么特征？情感史与历史学的未来走向又形成了什么样的关系？我不揣浅陋，在此对上述问题做一个简单的梳理，*也借此说明一下在光启书局编辑出版这一书系的意图和意义。

当代世界历史学发展的走向，大体呈现了一个多元化的趋势，并没有一个流派能占据压倒一切的地位。于是一个新兴史学流派的勃兴，往往需要兼顾其他相关的研究兴趣，同时又要与历史学这一学科关注的主体对象相连。情感史这一流派的兴起和发展明显带有上述特征。以前者而言，情感史与其他新兴的学派，如妇女性别史、家庭史、身体史、医疗史以及之前流行的新文化史和社会史都有密切的关联。而就情感史的研究与历史研究的主体对象的关系而言，或许我们可以参考一下《全球化时代的历史书写》一书。此书作者是当代著名史家林恩·亨特（Lynn Hunt），以提倡新文化史而闻名遐迩。她在2014年写作此书的时候，指出历史学的未来走向，将就"自我与社会"（self and society）的关系展开进一步的探究。这一观察，似

---

* 此篇导言，基于笔者在2020年9月7日《光明日报》理论版发表的《情感史的兴盛及其特征》一文。

乎卑之无甚高论，因为自古以来，历史书写便以人的活动为对象，而人的活动之开展，又必然以社会环境和自然环境为舞台。其实不然。亨特认为历史学的未来将是："自我领域与社会领域会相得益彰，同时向外扩张。"她的言下之意其实是，自20世纪以来，历史研究在扩张社会领域的方面，从社会的结构来分析人之活动如何受其制约和影响，已经获得了相当显著的进步，而现在的需要是如何深入扩张自我的领域。当今情感史的兴盛及其巨大的吸引力，正是因为其研究朝着这一方向，做出了深入全面的探索和耳目一新的贡献。

自古以来的历史书写，的确以人为主体，只是最近才有不同的尝试（如动物史、"大历史"、"后人类史学"等）。但若借用约翰·托什（John Tosh）形容男性史研究的话来说，那就是人虽然在历史著述中"随处可见"，其实却往往"视而不见"（everywhere but nowhere）。这里的"视而不见"，指的是一般的史家虽然注重描述人的活动，但对人的自身，也即亨特所谓的"自我"，没有进行深入的探求。更具体一点说，人从事、创造一些活动，由什么因素推动？是出于理性的考量还是情感的驱动？由于弗洛伊德精神分析学的影响，20世纪70年代曾流行心理史，在这一方面有所探究，而心理史也与当今流行的情感史有着相对密切的联系，但同时情感史又对此做出了明显的推进。心理史虽然注重人的心理活动及其成因，但其实对后者没有更为深入的考察。而情感史的研究则指出，人之从事活动，既为心理学所重视，也与生理学相关，也即人的自我，由大脑和身体两方面构成。而且这两方面，并不是分离独立的，而是密切相连的。举例而言，我们看待史家治史，以往注重的是评价他（她）写出和发表的著作，也即注重其研究的结果，而不是其从事研究的**起因和过**

程。即使我们研究、解释其从事研究的缘由，也往往只简单指出其对学术的兴趣和热诚或者学术界的外部要求和压力等，停留在常识、表面的层面。但问题是，如果学者从事研究出自其兴趣和热诚，那么这一因素是如何形成的呢？而在研究、写作的过程中，他（她）又经历了什么心理和情感的起伏波动？这些都是情感史关注的方面。这些方面与当今学术史、思想史研究的新动向，关系紧密。譬如说自21世纪以来，史学界出现了一个"情感的转向"，那么在情感史及思想史等领域的研究中，也出现了一个称之为"施为的转向"（performative turn）。这里的"performative"是动词"perform"的形容词，而"perform"一般理解为"表演""做"或"执行"等行为。所谓"施为的转向"，便是要强调在哲学层面打破主、客观界限和形而上学传统思维的意图，因为"表演""执行"和"施为"等行动，既有行动者本人又有其行动的对象（例如表演时的观众和听众；作者、史家著书立说所面对的读者等），所以这些行动将主体与客体结合起来，两者之间无法分开、割裂。

换言之，情感史研究在近年十分流行，与史学界和整个学术界的新动向有着紧密的关联，产生了密切的互动。近代以来的西方哲学思潮，基于一个二元论的形而上学前提，譬如主观与客观、人类与自然、心灵与事物、大脑与身体、理性与感性之间的区别与对立，而战后的学术思潮，便以逐渐突破这一思维传统为主要发展趋势。福柯对疯癫的研究，尝试挑战理性和非理性之间理所当然的界限，由此启发了身体史、感觉史、医疗史的研究。情感史的开展既与性别史、身体史、医疗史相连，同时又在这方面做出了不同的贡献。如同上述，情感史同时注重身体和大脑两方面，因为情感的生成和波动，牵涉两者。比如一个人脸红，可以是由于羞涩，也可以是由于紧张或愤怒。情感是身体反应的一种表现，但这种表现同时又与大脑活动相连，两者之间无法区别处理，而是互为因果。同样，一个人微笑——嘴角两端上翘——这一身体的动作，也包含多重层面。微笑可以表达一种愉悦的心情，但又无法一概而论，因为有的人由于尴尬，或者心里不安甚至不悦，也会微笑对待，当然这里的"笑"是否还能称作"微笑"，便有待别论了。事实上，情感表达与语言之间的关系，一直是情感史研究中的一个重点。

上面的两个例子既能说明情感史研究的理论基点，同时也有助显示其兴盛的多种原因，因为如果要研究人的脸红或微笑，可以采用多种方法和不同的视角。情感史研究的兴起，本身是跨学科交流的一个结果。比如神经医学的研究进展，便部分地刺激了情感史的研究；神经医学家会主要考察脸红和微笑与脑部活动之间的关系。受其影响，一些科学家希望能通过考察人的脸部表情来精确测出人的心理活动（如测谎仪的制作和使用），但社会学家和历史学家则往往持相反的意见，认为人的身体活动表征，虽然有先天（nature）的一面，但更多是习得（nurture）的经验，至少是双方（生理学、神经学 VS. 人类学、历史学、社会学）之间互动的产物。这个认识既挑战了近代的二元论思维，也成为当代情感史领域从业者的一个共识。

情感史研究近年能获得长足的进步，与上述这一共识的建立有关。而情感史研究的路径和方法，又主要具有下列特征：首先，如果承认身体活动同时具有生理和社会的属性，那么学者可以就此提出许多问题作为研究的起点，如：两者之间何者更为重要？是否相互影响？是否因人而异，也即是否有人类的共性还是各个文化之间会产生明显的差异？其次，通过身体动作所表现的情感，与外部环境抑或人所处的社会形成怎样的关系？比如一个人愤怒，是否可以随意发泄还是需要受到社会公德的制约，表达的时候有无性别的差异，是否会随着时间的推移而有所变化，从而展现出情感的历史性？再次，情感与语言之间也形成了多重关系：一个人情感的波动是否由语言引起，而波动之后是否选择使用某种词语来表达，然后这些语言表述有无文化之间的差异？历史研究以过去为对象，所以情感的研究，通常需要使用语言文字记述的材料，因此如何（重新）阅读、理解史料，发现、解读相关情感的内容，也就十分必要了。最后，情感史研究又常常需要走出文字材料的束缚，因为人的情感起伏，也会由于看到一座建筑物、一处风景及一个特别的场景而起，此时无声胜有声，语言文字不但无力表达，甚至显得多余。总之，情感史在近年的兴盛，综合了当代史学发展的特征，在理论上与整个思想界的发展走向相吻合，在方法上则充分展现了跨学科的学术趋向，不但与社会科学交流互动，亦常常借助和修正了自然科学的研究成果。情感史的兴盛展现了当代历史学的一个发展前景，而其新颖多元的研究手段，也对培养和训练未来的历史从业者，提出了崭新的要求。本书系的设立，希望能为中国史学界及所有对历史有兴趣的广大读者，提供一份新鲜而独特的精神食粮。同时，我们也衷心希望得到读者的积极反馈和宝贵建议，以便更好地为诸位服务！

2021 年 4 月 8 日于美国费城东南郊霁光阁

目　录

序言　　　　　　　　　　　　　　　　　　　001

致谢　　　　　　　　　　　　　　　　　　　009

第一章　探讨羞耻：跨学科语境　　　　　　　001

第二章　前现代社会的羞耻与羞辱　　　　　　011

第三章　现代性的冲击：一些可能性　　　　　059

第四章　重思现代社会的羞耻：19世纪和20世纪　068

第五章　羞耻的复兴：当代史　　　　　　　　116

后记　　　　　　　　　　　　　　　　　　　159

注释　　　　　　　　　　　　　　　　　　　163

延伸阅读　　　　　　　　　　　　　　　　　186

图表目录

表1: 废除戴手足枷示众   077

图表1: 从1500年到2000年, "害羞"一词在美国英语和英国英语
中的使用频率   049

图表2: 从19世纪到1980年, "羞耻"一词在美国英语中的出现频率 071

图表3: 从19世纪到1960年, "羞耻"一词在美国英语中的出现频率 072

图表4: 从19世纪到2000年, "侮辱"一词在美国英语中的出现频率 084

图表5: 从19世纪到2000年, "羞耻"一词的出现频率   112

图表6: 从1980年到2000年, "羞耻"在美国英语中的出现频率   121

图表7: 从1960年到2010年, "羞耻"在美国英语中的出现频率   122

图表8: 从1960年到2000年, "羞耻"在英国英语中的出现频率   122

图表9: 从1800年到2000年, "罪感"与"尴尬"在美国英语和英国
英语中的出现频率   175

图表10: 从1800年到2000年, "侮辱"在美国英语和英国英语中的
出现频率   181

序　言

羞耻是一种有争议的情感，它的历史因而显得格外有趣，而且肯定给人很多启发。当然，任何情感都会引起争议：社会是否正在过多地助长愤怒？或者过度地受到恐惧诉求的操纵？人际关系会否因为对爱的过高期待而变得复杂？不过，影响更大的还是围绕羞耻的漩涡，这牵涉核心定义、当前发展轨迹的不确定性以及与其功能和影响直接相关的争论。

简单来说：在美国当代社会，许多论者从不同的角度谴责羞耻，呼吁减少羞耻，尽可能地消除羞耻，但是也有一个直言不讳的小群体，思考着当下形形色色的行为，大声疾呼扩大羞耻的用途，提升其认可度。在一场相关争论中，一些观察者（不管厌恶还是支持羞耻）指出，至少在现代美国和西欧社会，这种情感正在经历明显的衰退，另一些观察者（大多都是厌恶羞耻的）则为这种情感的持续高涨和令人讨厌的新来源感到担忧。最后，关于如何定义这种情感，尤其是应该强调羞耻的个体经验还是这种情感在社会生活中发挥的更大作用，学者自己也有分歧。这些分歧从何而来？它们有什么影响？或者说，应该有什么影响？

甚至还有一场反复出现的跨文化争论。西方观察者一直吹嘘罪感文化（guilt-based culture）的优点，并过于简单地认为，这就是他们自己社会的特点，同时贬低耻感文化，理由是只有罪感能给人精确的道德界线和遵守标准，相比之下，耻感只是简单地服从集体的要求。这也是鲁思·本尼迪克特（Ruth Benedict）的日本人情感研究的核心，这项二战期间的研究非常有名，但谈不上无可挑剔。在比较基督徒和穆斯林的价值体系时，这项研究再次冒了出来，成为后者无法保证文明行为的不利证据。羞耻史如果包含比较因素，就不可避免地遇到这些问题，可能还有助于解决"我的耻感和罪感优于你的耻感和罪感"综合征。[1]

本书经常提到的"西方社会"，主要指的是西欧和美国，虽然通常也能用来指澳大利亚、新西兰和加拿大。我们很少提到拉丁美洲，有迹象表明，传统形式的羞耻在那里比在欧洲和美国延续得更久。更加全面地研究包含羞耻在内的拉美情感史，在未来很有必要，当然，专家也在争论拉美应不应该算作西方。

羞耻的定义及其功能和缺点，不可避免地因为一些因素而变得复杂。羞耻并非从婴儿期就嵌入人类生理习性的，因而谈不上是一种基本情感。关键其实在于它包含了哪些基本情感：它可能引发悲伤，当然也可以表达厌恶，还有可能引起愤怒。（尽管我们可能会想"羞耻脸"是怎样的，但是单一的羞耻表情并不存在；有些文化则有专门的面部定义。）对潜在的组合进行分类并非易事，并且它们肯定会随着时间的推移而改变，这也是历史学贡献最大的方面。

就跟情感研究经常遇到的情况一样，语言因素的影响很大。正如我们在本书所看到的，羞耻在不同社会和不同时期都有不同的定义——比如在当代英语中，羞耻跟罪感明显不同，但在其他情况下，两者没有区别。有论文极其敏锐地指出，即便在英语里，羞耻指的都是没有尽到职责（这可以说是17世纪和18世纪的主流观点），而在现代意义上，羞耻反映的是对爱的渴望，两者截然不同。用词的转变和歧异往往反映了羞耻的重要方面，但是它们的模糊同样使讨论变得复杂，进一步反映了确定核心定义之难。[2]

羞耻同样处在个人与社会之间，这是大多数情感研究的焦点，任何全面的看法都必须包含这两个方面。接下来的章节既讨论到羞耻（shame），也讨论到羞辱（shaming）——前者是个人面对的情感，后者是集体或集体道德标准的强制行为。即使把羞耻定义为当下许多心理研究最为注重的个体经验，它起作用时仍然面对某种意义上的观众（audience），而且不管个体经验如何，许多社会群体显然都能影响羞耻的定义和使用。当代有很多例子，比如加州在处理当前水危机时，使用了"干旱羞辱"（drought shaming）*的手段来控制用水，就并非偶然——这是一个明显的感知社会需求（perceived social need）的案例。

此外，羞耻跟罪感和尴尬（embarrassment），都是少数几种"自我意识"（self-conscious）情感之一。怎样才能以最恰当的方式把它跟同类情感区别开来？一位分析者宣称，尴尬就是当代版的羞耻，后者已经变得声名狼藉——这一点值得商榷，但有趣的是，它指出了一个模糊的地带。[3]少数专注于个体羞耻经验的心理学家认为，耻感跟罪感基本一样，而且有研究表明，当代美国人有时候并不

---

* 加州旱灾期间，当局鼓励民众举报违反节约用水规定的行为，并在媒体上进行曝光。——译者注（本书脚注均为译者注）

觉得郁结在心里的耻感跟罪感有本质上的区别。不过其他的研究，尤其是针对似乎重视羞耻而淡化罪感的社会、评判当代美国情感策略的研究，清楚地表现了耻感与罪感的不同，并且更加突出后者。羞耻的路径并不明确。

最后，关于羞耻的影响也有争议。有位社会科学家引用了一位国际说客的话，"娘娘腔才讲羞耻"，哀叹羞耻在政界和金融界的衰微。华尔街银行家在卷入投资丑闻两个月之后突然现身，成为另一家公司董事会的领导——当我们需要羞耻的时候，它在哪里呢？[4]许多观察者都为不知羞耻的2016年美国总统选举感到不安。总体来说，最近一些关于羞耻的评论更为乐观，认为其具有许多优点："在某些时代，羞耻也可以恢复、提高和反弹。"或者用精神科专家和生物伦理学家威拉德·盖林（Willard Gaylin）的话来说，"耻感和罪感都是高贵的情感，对维护文明社会至关重要"。[5]反之，主流的心理学观点特别关注羞耻在犯人改造或者家庭惩戒中的作用，认为羞耻没有真正的建设性功能（跟罪感相反）：这种情感只会引发怨恨，甚至侵略性，导致更加糟糕的行为。最近的另一拨评论则哀叹社交媒体用户不加分辨地使用羞耻。[6]关于这种情感的定位及其积极用途（如果有的话），根本没有一致的看法。

很难说一部羞耻史能把这一切都捋清楚。它可以在定义方面有所帮助：羞耻在不同的时间节点包含不同的元素，特别是在社区依赖和个体经验的平衡方面。此外，虽然历史分析不能划清羞耻与其他自我意识情感的界限，但它在这方面并非毫无帮助。具体而言，羞耻史和更宽泛的积极情感的历史一样，完全可以聚焦于发展轨迹或者时代变化的问题。正如我们所谈到的，从1850年到20世纪60年代，羞耻在美国社会经历了一定程度的衰退，但是最近又有所恢复，探究这一复杂进程可以直接解答当前主要趋势引发的困惑。历史的处理方式至少也有助于厘清关于羞耻功能的一些不确定性。要更好地理解过去，以及当代对比之中的耻感社会，必须更加细致地了解羞耻如何以及为什么能够有效地发挥作用——同时也要纳入文化变量的影响，可能还要加以深入探讨。不过，回顾之前如何对待时代变迁，尤其是个人主义的兴起与羞耻继续存在之间的张力，同样有助于我们探究这种情感的负面特征。在当前的某些环境里，羞耻可能比过去更加有害。

很多学科都研究羞耻。心理学在这份当代学科名单上一马当先，但是社会学、人类学和哲学同样宣称自己很重要。历史学也有贡献，尽管持续投入的程度配不上这种情感的重要性。关于东亚古典文化，尤其是儒家文化的羞耻历史，还有古希腊的羞耻历史，都有一些零散但有趣的著作。包括不少新作在内的最为详尽的历史研究成果，探讨了从基督教出现到现代早期的前现代欧洲羞耻史。几项重要研究探讨了现代英国和欧洲大陆的羞耻历史，还有一篇重要论文概述了美国经验的一个转折点。[7] 就所有涉及的地区和时期来看，这些有趣的研究大多是专论，以研究论文的形式出现，极少成为某种专著长度的社会研究。

本书尝试把大部分现有的历史研究成果和其他学科的相关见解汇总起来，同时以美国过去两个世纪的发展为中心，扩大历史分析的范围，重点肯定是现代模式。最后的成果并非一部全球羞耻史，那样做的时机未到。许多文化还没有被纳入分析范围。即使能用上的案例，例如东亚，也会存在具体历史研究不足的问题，比如最近有人声称，中国"从远古时代"就有羞耻了，却没有提到起源和演变。[8] 不过，撰写一份现状报告，展现共性和不同社会羞耻经验的多样性，同时主要针对西欧和美国，探讨其随时代变化的模式，这是做得到的。我的目标就是完成一项研究，让情感史的学生能够从中受益，给其他学科的学者提供一定的历史学贡献——这项研究也可能促进一些后续的研究，尤其是在比较领域，这显然是值得去做的。

在下一章，我们先简单概括一下当前心理学和社会学对羞耻的看法，以及其中的一些争议和难题：尽管心理学的方法给羞耻的历史学分析出了不少难题，但也提供了一个经验性的起点，有助于指引接下来的考察。第二章讨论羞耻在前现代社会的各种用途和表现形式。这一章充分证明，羞耻和羞辱仪式的重要意义至少可以追溯至农业出现的时候，但是这一章也展现了这种情感的多样性，还总结了前现代西方文化历史变迁的主要阶段。第三章较为简短，重点讨论现代性议题和现代环境逐渐限制了羞耻作用的观点，同时适当地关注比较的难题。进行整体回顾之后，第四章将会更加具体地探讨18世纪以来，羞耻在西方社会受到新的抨击，并以美国作为特定的研究案例，这样就能评判其中的缘由和影响，考察即便彻底重估羞耻的作用都无法避免的复杂性。第五章接着讨论当代美国重新开始的羞耻争论以及这种情感的新用途，其中，早先就羞耻的缺陷达成的一致意见已经不复存在。结论将会简单回顾论点，讨论从历史分析可以得出的经验教训。

总体而言，情感史兴起于七十多年前，在过去二十年里已经开花结果，成为一个异常多元和活跃的领域。[9] 研究者已经探讨了不少独特的情感，尽管很多历史结论仍有改进的余地。在情感研究的过程中，羞耻得到了大量关注——既探究了这种情感在不同社会的早期用途，例如它跟荣誉的关系，也证明了两百年前西欧与美国文化跟羞耻的第一次分离。现在进行总结和进一步的历史探讨，正是时候，尤其考虑到我们有机会把历史议题跟当下围绕羞耻及其影响的一些争论结合起来。最后，作为情感史研究，这本小书尝试联系其他学科的成果，甚至包括心理学这类通常不会考虑历史变迁的学科。情感史最好放在跨学科的语境下，因为历史学家可以使用以往的定义，无需重造轮子，主要的历史成果也能直接促进重大社会科学研究。

我们的总体目标是了解羞耻史的主要方面，尤其是美国的羞耻史，但将其置于更大的背景之下，这样也能大大促进我们对这种极为重要的情感的探究。羞耻肯定会产生有害影响。我们可以从历史中看到这一点，并且追问为什么这种潜在的害处在最近几十年里表现得越来越明显。但是羞耻也有其用处，这似乎无法规避——连那些声称摒绝羞耻的社会都没有办法。在当局反对的情况下，羞耻能够在多大程度上继续存在乃至发展，探究这个问题将有助于厘清当前的一些困惑。结合其他情感学科的最新讨论，羞耻史甚至可以给我们初步的提示，告诉我们接下来应该如何改善这方面的情感管理。

致　谢

我在写作这本书的过程中，得到了许多人的热情帮助。同事琼·坦尼（June Tangney）、雅尼娜·韦德尔（Janine Wedel）、罗杰·拉思伯里（Roger Lathbury）、罗伯特·贝克尔（Robert Baker）、大卫·威金斯（David Wiggins）、曼迪·奥尼尔（Mandy O'neil）、海伦·麦克马纳斯（Helen MacManus）和布莱恩·普拉特（Brian Platt）提供了大量真知灼见，其他几家机构的学者同样不吝指教——本书相应章节都有提及。我的两个孩子德博拉·斯特恩斯（Deborah Stearns）和克利奥·斯特恩斯（Clio Stearns）对羞耻也有研究，他们在各方面对我的思考都有很大的帮助。（我的其他孩子未必没有羞耻感，但是可以补充的不多。）我要特别感谢维塔·巴塞利切（Vyta Baselice）在研究和书稿准备上给予的大力帮助。伊利诺伊大学出版社的劳丽·马西森（Laurie Mathieson）和詹姆斯·恩格尔哈特（James Engelhardt），以及情感史系列的联合编辑苏珊·马特（Susan Matt）一直给予鼎力支持，苏珊·马特还给书稿提了许多具体的建议。本书初成稿时的几位读者提供了重要的评论意见。我还要感谢芬威克图书馆

（Fenwick Library）职员提供的馆际互借服务。本书签约之后，我的妻子唐娜·基德（Donna Kidd）一直包容我对羞耻研究的过度热情。

第一章
探讨羞耻：跨学科语境

羞耻作为情感的根本意义在于联系个体与更大的社会群体和规范——无论是真实的还是想象的。许多群体都会通过羞耻威胁和定义羞耻等手段来帮助建立身份认同，强制执行或者试图强制执行其行为准则。羞耻还可以用来支撑正式和非正式的社会等级制度。但在考虑更为广泛的关系时，羞耻或对羞耻的恐惧也是个人会有的一种情感体验或者预期。因此，羞耻感跟骄傲、屈辱、尴尬和罪感一样，都是"自我意识"情感，构成或可能构成个人情感生活的重要方面，但这取决于群体标准，以及至少在一定程度上取决于群体的强制执行力。[1]

最初的定义很难说清楚羞耻的细微差别。在接下来的章节里，当我们在比较语境下探讨这种情感的历史时，还会出现别的定义——即便如此，仍有争论的余地。最为明显的是，羞耻与罪感或尴尬重叠的灰色地带将会影响我们的分析。不管羞耻是不是真的有价值，对其进行基本的评估都必须透过历史和比较的分析，即便如此，最重要的还是从社会和行为科学的主流观点开始着手。

本章阐述了当前对羞耻的思考，包括羞耻对体验到这种情感的个人意味着什么，对个人与相关社会群体的关系又有什么意义。学术分析与大众理解不同，这也是我们需要加以探讨的，因为这跟我们在第二章讨论的更大的历史问题相关。但是，我们应该有一个明确的起点：在过去的几十年里，各个学科，尤其是心理学的研究者，已经就羞耻的内容达成了普遍的共识，尽管并非完全一致。虽然最后必须将此（部分地）视为体现当代而非永恒标准的文化产物，但这的确是一个非常重要的跨学科出发点。没有必要从零开始。

羞耻已经成为心理学的主要话题，相应地，社会学，尤其人类学，对此也有关注。情况并非总是如此。例如，弗洛伊德就以对羞耻毫无兴趣而著称，将其视为"女性特征"，不予理睬。不过自从二战以来，心理学学者对羞耻产生了浓厚的兴趣，尤其是它的有害影响。[2]事实上，羞耻研究者多到足以时不时聚在一起讨论彼此的研究成果，比如2014年夏天的阿姆斯特丹会议。[3]对羞耻的兴趣既是理论性的，是对自我意识情感的更为广泛的关注的一部分，也是相当实际的，研究成果可以用于育儿、心理健康和刑罚学。

从逻辑上说，羞耻的定义始于自我意识情感的整体概念，据此，羞耻属于形成于童年的一类情感。[4]与诸如愤怒和恐惧相比，这些情感不会马上就显露出来。它们依赖于更大的认知要素。一切情感，甚至包括"基本的"或本能的，都要经过认知的过滤，作为决定恰当性和后续策略的一部分。[5]但是自我意识集群（self-conscious cluster）一方面需要真正的自我认知，另一方面也需要适当的群体规范。没有这一点，或者更直白地说没有羞耻心，就不会觉得辜负或者可能辜负观众期望，也不会担心自我和自我形象可能遭遇的后果。自我意识情感通常要有根据他人来评估自己的能力。许多心理学家认为，这得等到一岁左右才会出现，而且在此之后的几年里都不会发展成熟。到了三岁，意识足够复杂后，孩子才会因为违反了相关社会规范而真正地表现出忧虑。

有些成果受到弗洛伊德的一定影响（尽管与其对罪感研究的投入相比，弗洛伊德并不重视羞耻），认为无论在哪种文化里，羞耻都会不可避免地以某种形式出现。在这方面，最明确的论点是羞耻最早形成于对如厕训练失败的反应，在弄脏或者弄湿自己的时候表现得最为明显，这肯定开始教会自我如何面对辜负社会期望（community expectation）的失败。但事实上，这一论点没有获得广泛的认同。原因之一是它不能解决自我意识情感的根本难题，即辨别标准是什么。毕竟，就个人或者群体而言，如厕训练的失误可能带来羞耻感，也有可能导致罪感或尴尬。[6]

那么首先可以确定的是：羞耻比恐惧这样的本能反应更加复杂，需要更多的学习，尽管从本质上来说这是儿童与家庭社区早期互动的必然产物。[7]

定义的下一个重要步骤必然以区分相互交织的自我意识反应为重点。羞耻和尴尬有相当明显的本质区别。当一个人违背群体规范或者期望的时候，尴尬显然没有羞耻那么强烈和持久，而且在同样情况下，更快被人忘记。一个男人被人发现裤链没拉，肯定会短暂地感到尴尬，但是问题很容易解决，也不会造成长时间的情绪困扰。除非这一再发生，不然不会感到羞耻。相比之下，羞耻持续的时间往往更长——最长可达48小时。还有一点跟尴尬不同的是，羞耻的感觉会因为社会压力而恢复。值得注意的是，在有些语言（如立陶宛语）里，羞耻和尴尬不是两个单独的词语，与更加容易表达两者区别的英语等文化相比，这反而使尴尬的概念更为严格。最后，羞耻与尴尬的区别并不能够完全预测为什么一个人只会对错误感到尴尬，而在另一种文化，甚至同一种文化里，其他人却会因此而感到羞耻。[8]尴尬的定义问题虽不完全相关，至少在西方文化里是这样，却值得注意。

心理学家对羞耻感与罪感关系的关注远远超过其他方面，最具体的羞耻定义乃至部分关键争论同样来源于此。

根据这种得到普遍认可的阐述，罪感是一种情绪的反应，它强调承认错误行为，承认那些违反社会标准的行为和补救过错的渴望。自觉有罪的人会道歉，设法避免再次犯错。[9]相比之下，羞耻感是一种更加普遍的情感，犯下同样的错误行为和违反标准的时候就会出现。它在生命中形成的时间比罪感更早，因为罪感需要更强的认知区分能力，但最重要的是它强调自我贬低。错的是自我，而不是行为。[10]这比罪感更加痛苦，更加强烈，蒙羞者真的会感到难受，但这也使它更难回避。道歉可能是不够的，因为身心都受到影响，补救措施也可能毫无意义。因为情感上的两难，蒙羞者大多选择退缩，试图掩盖。他们通常努力地把相关问题归咎于某一个人或其他事情，要么尽可能地否认或忘记，要么对自己或他人发火。[11]这种转移注意力的方法可能主要针对外部观众，但也可以用来减轻内在的情感不适。因为大家一致认为：羞耻是一种很不愉快的情感经历。

一些专家更进一步，认为可以分别确定羞耻感和罪感的童年起源。当儿童觉得父母的爱可能受到威胁或被收回的时候，羞耻感就会出现。当以后的某些行为可能损害社会认可的时候，这种记忆就会浮现, 引起这种情绪可能带来的痛苦, 人可能因此彻底怀疑自我。罪感则相反, 它建立在惩罚具体行为的记忆之上, 不会威胁到基本的家庭接纳。两者显然都可以形成于孩提时代的经历, 这就是为什么羞耻感和罪感经常混杂在一起, 并且很少有个人或社会只偏重其中一种。但同样明显的是, 有些社会可能鼓励父母偏重其中一种惩戒方法, 这可能是某些当代分析中强调差异的关键组成部分。

羞耻感和罪感都是私密体验: 即使没有观众, 人也会感到羞耻, 并能感受到由此带来的所有痛苦。但是一些心理学家承认, 就这两种情感而言, 尤其是羞耻感, 即使没有实际的公众参与, 可能至少也会有一个想象中的观众。但真正重要的是回旋余地的不同。罪感可以是积极的, 尽管不加以解决的话可能导致羞耻。羞耻更有可能把人压垮, 而且考虑到自尊遭受的打击, 很难予以有效的回应——因此更要努力回避。[12]心理学家托德·卡什丹 (Todd Kashdan) 的这番话反映了其学科的主流观点: 罪感鼓励人从错误中学习, 但 "感到羞耻的人却很痛苦。蒙羞者讨厌自己, 渴望改变、掩盖或者摆脱自我"。[13]

主流心理学家也意识到, 这一说法提出了一个显而易见的问题。如果相同的行为可以产生羞耻感或罪感, 如何解释一种反应先于另一种呢? 答案显然是性格类型: 一些人只是更容易感到羞耻, 另一些人则更容易感到罪恶。[14]

这样的说法当然会招来批评。一些心理学家仍然认为, 羞耻感和罪感其实是一样的, 差别可以忽略不计。有人力图从细处区分两种羞耻, 一种是私密的, 另一种需要观众 (承认跟罪感的区别)。[15]这种说法指出, 人把私密的羞耻感等同于罪感, 两者都要求承认过错, 郑重道歉, 而不是仅仅对外部观众做一点表示。

不过, 这些连续不断的定义争论没有妨碍到其他重要的研究, 这些研究都假定羞耻感与罪感存在根本的不同。一个方向是设法区分群体, 而不是个体。占据社会主流的群体更加自信, 因而更有可能体验罪感; 羞耻感则更有可能是弱势群体或者众人眼中的低等群体的反应。这种当代版的等级制与羞耻关系既耐人寻味, 又对历史分析很重要。

除此之外, 相关的延伸研究把羞耻感视为心理抑郁的结果, 可能在那些从小受到虐待或者性虐待的人当中尤其如此。就此而言, 敏感可以通过之前影响巨大的经历来解释, 而不是性格使然。显然, 这一研究路径说明了羞耻感作为不良行为的反应, 具有自我贬低和无法抗拒的特质, 罪感即便谈不上更加理性, 至少可以说更明显地源于某种内在的力量。[16]

然而, 另一项研究的主旨是在羞耻感和罪感区别的基础之上, 进一步阐述羞耻感的有害性。如果罪感如其定义所说, 能够促成积极的补救措施, 那么羞耻感不仅使人不知所措, 而且会产生适得其反的愤怒或攻击情绪。[17]德国、美国还有其他国家都在服刑罪犯当中专门进行了这种反应的研究: 罪感更有可能说服囚犯以后避免犯罪, 羞耻感则会令人渴望痛斥不公平的情感痛苦和社会指责, 尽管并不总是必然导致累犯。这将导致更多的不良行为, 而非减少这些行为。因为这些说法, 一些社会学家宣称, 羞耻感是大多数家庭暴力的根源。[18]相同的差别也适用于儿童和育儿。刑事司法体系应该激发罪感, 想方设法避免助长羞耻感, 出于同样的道理, 父母和教师也应该小心翼翼地培养孩子的这种差别意识。所以如果孩子考试的时候作弊, 重点应该是行为——"考试不要作弊", 而不是人——"你是个作弊者"。

当然，仍然不够明确的是，如果问题仅仅在于性格，那么应该如何处理情感差别？如果相同的行为既可以导致罪感，也可以导致羞耻感，因他或她个人及其心理成长环境而定，那么社会能够期待多大程度的情感改善？例如，研究囚犯的羞耻反应的学者没有发现这一情感反应牵涉宗教信仰、种族或移民身份等其他因素。囚犯有的容易感到羞耻，有的容易觉得自己有罪，补救措施应该设法帮助前者，但这缺乏更加具体的理由。因此，更加复杂的心理学，或许能让刑罚学者或父母特别谨慎地处理羞耻的任何迹象，但这是否足以推翻性格因素，还有待观察。

几十年来，心理学家一直致力于展现羞耻感的不良影响，将其当成一种区别于罪感的自我意识情感。强调这一点，是批判羞耻的西方文化发展的一部分，这将成为第四章讨论的内容，但这不会显得不合逻辑。主导这种情感研究的学科明确定义了什么是羞耻，也明确地予以谴责。

有人尝试把心理学方法跟历史意识联系起来——心理学家大多关心的是此时此地，倾向于淡化历史意识的重要性。因此，斯蒂芬·帕蒂森（Stephen Pattison）在2000年呼吁，不要把羞耻视为横跨所有时期的一元情感现象。他认为当代的羞耻，也就是心理学家批判的那种，是一种"更加个人化、个性化和心理化"的体验，跟过去的羞耻截然不同，那时候主要强调的是社会强制和不同群体受到的约束。帕蒂森认为，"从'社会'羞耻到'心理'羞耻的广泛运动之中"，发生了一次关键的转变。[19]我在接下来的历史分析中还会提到这个重要观点。换句话说，心理学家可能是对的，现在的羞耻有严重的负面影响，但是他们的发现并不完全适用于过去。

主流的心理学方法引出了两个问题，这两个问题容易为该学科所忽略，却不可避免地使羞耻的历史更加复杂。首先，我们很快就会看到，更多的社会注重羞耻感，而不是罪感，或者将两者并列。这是否意味着大多数社会在情感上既愚蠢又麻木？今天的耻感社会，例如东亚社会，是否明显比不上那些对羞耻的依赖已经显著降低的地区？答案可能都是肯定的，但如果要承认这样的当下主义（presentist）和/或西方优越性，大多数历史学家都会犹豫再三。[20]其次，心理学的重点是感到羞耻的个体，不会过多关注社会背景和社区潜在的羞耻需求。反过来说，这些需求或许能够以心理学要点没能完全掌握的方式，解释为什么羞耻直到今天仍然很常见。

幸好在进一步的历史分析之前，我们多少得到了一些社会学研究成果的帮助——尽管跟心理学方法并不完全调和。社会学家大概都会同意，羞耻相当有害，尽管他们也探究了一些没有那么严厉的羞耻环境。社会学家长期研究羞耻改良风气的作用。他们研究了很多非常容易产生羞耻感的社会群体，从而证实了这种情感对人并不公平的心理学结论。不过最重要的是，他们坚称羞耻的社会影响远超出蒙羞者的个人经历。[21]

有关羞耻的定义，可以确定的是当代心理学与社会科学有很多观点一致之处，所以最后一个问题是学术区分与大众理解的差距。我们已经注意到，有些语言忽略了羞耻与尴尬的差别。更为常见的情况是羞耻感与罪感没有语言和概念的区分——这两种情感正是一般心理学家最想区分的。比如古希腊语没有单独的词语指代这两种情感，将两者混为一谈，就像我们在下一章简单介绍希腊处理羞耻的先例时看到的那样。至于当代英语，用的虽然是两个明显不同的单词，但是词典释义却异常模糊：羞耻是"因为意识到了罪责、缺点或行为不当而产生的痛苦情感"。而根据同一本词典，罪感主要跟行为有关——"知道或者觉得自己做了坏事或错事"。如果不把罪感包含进来就很难定义羞耻，这可能说明羞耻定义不只是术语的蜗角之争，而是一个如何表现实际情感体验的现实难题。[22]过度注重当代心理学可能会导致对耻感文化的先验谴责，我们既要避免这一点，也要允许模糊地带的存在。

研究羞耻的学科内部和学科之间都有分歧，难免会令问题复杂化。下一章会把关注点放在历史模式上，这可能反而有助于厘清其中的一些问题。

尽管如此，共识还是有的。如果个人在现实或者想象中没有得到社会的认可，羞耻会是非常痛苦的经历。这方面的心理学研究成果非常突出，尽管在某些当代文化中，羞耻的痛苦及其反效果可能增多了（就像帕蒂森曾经断言的那样），而且罪感与羞耻感的区别并不总会变得像当代那么普遍。羞耻把真实的困难和排斥感强加给个人，这在任何时候都是它主要的社会规训功能。但是，通过超出预期和意识的直接的强制行为，同样能够理解羞耻的社会效用和社群如此频繁地坚持使用羞耻的原因。这就是社会学的视角，不必质疑心理学的重点，但必须坚持一个更为宏大的框架。这也是最为突出的探究羞耻的视角，既有历史的维度，也包含了一般意义上的和用来解释当代敏感性的心理学的深刻见解。

接下来的章节建立在个人与社会层面的羞耻和羞辱的关系之上，并酌情结合心理学和社会学的见解。但这同样取决于历史学家对变化和多样性的兴趣。羞耻的痛苦总是现实的，但这种情感也会反映特定的历史背景。过分强调痛苦可能会令人忽略赞扬和重视这种情感的社会。我们从情感史的其他例子可以知道，极端的现代主义认为过去在情感方面是劣等的、陌生的，这会误导消极情感领域的处理，尤其考虑到当代美国对愉快情感的偏好。我们需要更加开放地评估羞耻和羞辱涉及的社会策略，特别是在现代明确开始抵制羞耻之前。我们也需要关注增强了羞辱的社会效用的**预期**，从历史上看，它受到的关注比羞耻本身更少。许多西方语言因而产生了一个词语，用来表示避免羞耻的努力，以区别于羞耻本身。法语有相对于"honte"（羞耻）的"pudeur"（羞怯），德语也有类似的区别。英语本身长期使用"shamefast"（害羞）这个词，以辨识避免羞耻的情感准备，尽管随着其他情感方法在现代的出现，这个词已经消失了，只留下了像"modesty"（谦虚；羞怯）这样较为含糊和略显过时的替代词。最后，在牢记社会层面的羞耻的同时，我们还必须寻找那些公开允许从羞耻中恢复过来的社会，某些现代社会科学家称其为重新融入的羞辱，这是另一个处理这种情感的方法大量涌现的领域。

　　羞耻是一种常见的情感，不过对羞耻感的意识可能更为常见。分析应对羞耻的方法差异，尤其是探讨处理这种情感的主要变化，以及这些变化的原因和后果，能够为心理学和社会科学增添许多重要发现，甚至可能成为新的融合契机。我们的目标是从个人和社会的角度出发，加深我们对过去的情感经验的理解，增长历史知识，同时建议那些专注于自己的情感处理方法的非历史学家，逐渐深化对羞耻经验的认识。

第二章
前现代社会的羞耻与羞辱

在许多前现代社会，羞耻是一个普遍存在的主题。一位英国国王捡起一位女士的吊袜带，好让他的廷臣感到羞耻，避免他们批评她的意外*：*Honi soit qui mal y pense*，心怀邪念者可耻——这是中世纪最著名的谚语之一，至今仍可在英国王室的纹章上看到。希腊哲学家和基督教神学家花了大量的精力来解释羞耻的用处，有时候也会解释其危险性。在中国，孔子的著作估计有10%讲的都是羞耻的重要性。[1]

但这不仅仅是关于情感的语言问题，行动和仪式也很重要。在几个前现代社会里，羞耻体验展现了惊人的情感力量和社会作用。从古埃及开始，在许多地方，行为不端的人，从没有做功课的调皮学生到被指控通奸的成年人，都要以某种形式戴枷示众，在长达几个小时甚至几天的时间里，民众都可以经过他们面前，表达厌恶之情。[2]这种

---

* 据说英王爱德华三世在温莎城堡举行舞会，邀请索尔兹伯里伯爵夫人跳舞，没想到伯爵夫人的吊袜带意外掉落地上，周围廷臣都心照不宣地嗤笑。爱德华三世大为恼怒，一边捡起吊袜带一边用法语说："心怀邪念者可耻。"

形式的羞辱远比现代社会的引人注目——尽管有些人认为，近来社交媒体的使用和滥用形成了等同于过去戴枷示众的当代传播，只是更加不易觉察。

可以预想，有些严厉的示众制度也会带来强烈的个人痛苦。在有些群体中，严重的羞耻感可能导致自杀，这是挽救个人和家庭名声的唯一选择。但是，正如第一章所说，前现代的羞耻也会表现出细微的差别。正是由于这种情感的力量，有些人设法避免羞耻感或重新融入社区。另一些人则认可羞耻，因而竭力避免行为不当——这就体现了像"害羞"（shamefast）那样的词语，提前就已标明了羞耻的敏感性。有些群体受到大众主流观点中的羞耻的轻微影响，甚至发明了一些做法，帮助他们从中获得一定好处，甚至从他们小心翼翼的自我展示中获得一定乐趣。

本章探讨前现代社会的羞耻和羞辱的几个问题。总体目标明确：说明羞耻普遍存在于农业社会，以及羞辱如何被毫不犹豫地视为执行社会规范的合理制度。接下来的各节提供了大量相应的例子来证明这一基本观点，并介绍各种具体的做法和评价，其中羞辱甚至比羞耻本身更重要。这一系列例证清楚表明了羞耻感作为人类经验的因素之一，具有什么可观的社会效用。这为探讨之后脱离一般农业模式的变化设定了基准，同时提出了延续或恢复基于羞耻的社会惩罚方法的理由和先例。这些都是后面章节将会讨论的主题。

在此基本框架内，本章探讨了其他几个相关问题。首先，简单介绍由狩猎者和采集者组成的原始人类群体的羞耻问题。这里的一些反常现象值得关注，因为其中羞耻不是一种普遍的、不可避免的人类经验。这种评估导致了更重要的一点：需要指出羞耻和羞辱会随着农业社群的出现而变得更加普遍的原因。

其次，本章阐述了几个前现代社会的各式羞耻经验和羞辱活动，包括对这种情感的不同表现的评价，从惩罚或捍卫荣誉到等级制度的作用和将羞辱融入育儿过程。现有的证据不尽相同，例如公开羞辱的例子远多于家庭内部的羞辱，并且迄今为止的历史研究主要聚焦于东亚和西方。但是，这场讨论并没有声称覆盖全球，它不仅强调了羞耻普遍存在这一基本看法，而且强调了可能伴随而来的各式做法和假设，有一些还延续到了今天。有一些比较可能跟处理羞耻的不同方法有关，这在今天仍然产生不同地区的对比。

不过在前现代的若干世纪里，羞耻并非常态。本章的第三部分探讨了有关基督教欧洲对羞耻的争论和变化的重要研究。基督教本身挑战了古希腊罗马的羞耻观念，却没有改变对这种情感的依赖，在某些方面甚至可能有所增强。但在总结和解释随着时间推移而发生的主要发展时，我们能从另一个视角发现，前现代的羞耻并不是一成不变的情感规范。这一节最后总结了羞耻与羞辱在美国殖民地时期的重要性，这为始于18世纪的更大变化提供了最为直观的背景，下一章将对这些变化加以论述。

本章的总体目标是介绍现代之前的几种关键的羞耻描述和迄今为止在历史分析中出现的一些核心议题，但也强调和解释该情感在社会和个人经历中的重要性。这可以作为之后探究更多现代偏移的基准。不过这一基准本身隐含许多有待探究的复杂问题，包括尝试比较的可能性。

前现代（premodern）一词的使用引来了不少有理有据的质

疑。这个术语的覆盖面很广，这样的宽泛性可能会让许多历史专家感到恼怒，他们把漫长的学术生涯都用来探究特定时间和地点的更多细节。更重要的是，我们必须记住，考虑到现有学术研究的不足，现在对世界范围内的羞耻进行全面论述是不现实的。这一章的覆盖范围已经大到足以将前现代羞耻纳入在内，但绝不会冒昧地尝试系统的概括论述。本章开头部分首先提出的问题是羞耻能够成为联结采猎社会与农业社会的情感。但是，就算只关注农业社区，覆盖的时间段都会很长。这就是为什么只要情况允许，尤其是涉及西方经验时，都会明确探讨变化的问题。但是本章含有一个确定无疑的前提：前现代的环境导致对羞耻的运用和体验至少迥异于某些现代社会的模式。正如第三章和第四章所探讨的，一些现代社会试图重估传统的羞耻模式，并且比前现代社会自己冒险去做的更加彻底。有学者甚至认为，"现代化"最终将完全替代羞耻，尽管实际上这种说法至少是不成熟的。[3] 因此，前现代一词的用意并不在于徒劳无功地统一时间和地点，而是让大家关注有些地方从 18 世纪末就开始尝试的更加激烈的破坏——这就需要它自己解释和评价。

早期人类的羞耻与农业的作用

利用幸存至今的原始部落的相关描述，学者对人类原始社会的羞耻进行了简单和初步的探讨，发现羞耻是社会的必然产物或者育儿初期总会出现的结果，这样的观念有点站不住脚。具体而言，这一探讨虽然还只是启发性的假说，但无疑凸显了为什么比采猎者祖先更为复杂的农业社会，开始如此注重羞耻的社会凝聚作用。更加引人深思的是, 在人类历史的任何阶段, 形形色色的社会力量都变得极其依赖羞耻感——这就是为什么羞耻常常成为个人与群体之间的"社会纽带"。

羞耻虽然不是一种基本的情感, 但是应该很早就已显露在人类的历史经验之中。羞耻的一些要素可能普遍存在, 包括用姿势和面部表情承认错误和避免愤怒的功能。[4] 人类原始部落以狩猎和采集为生, 必定需要大量的集体协作, 其中羞耻可能发挥了关键作用, 而且考虑到当时没有完善的治安机关, 人们可能更偏重情感上的执法而不是依靠伤害性的肉体惩罚。此外, 采猎部落通常只有几十人, 规模不大, 可能也不需要为了规训 (discipline) 或服从 (conformity) 发展出非常正式的羞耻。它们的性规范有时候较为宽松, 例如在婚姻忠诚度或婚前性行为方面。羞耻的影响力大, 当代心理学家认为它有时难以预料, 早期的人类社会或许更喜欢温和一点的集体强制方式, 比如幽默。

人类学家其实研究过大体仍处在前农业时代的部落, 结果复杂多样, 不是全部都注重羞耻。例如菲律宾的猎头族伊隆戈人 (Ilongot) 非常依赖羞耻 (没有明显的罪感证据), 利用这种情感刺激儿童发奋成功, 并约束过早的性行为。而博茨瓦纳和安哥拉卡拉哈里沙漠的桑人 (San) 似乎不怎么会利用羞耻感, 就算有也很少。如果需要一定程度的情感强制, 比如遏制骄傲或夸耀的苗头, 通常用调侃和幽默就够了。马来西亚的采猎部落塞迈人 (Semai) 同样向观察者坚称, 像羞耻那样强烈的情感并不可取。服从可以通过更加温和的方式实现, 就像以下这句话所说:"在这里, 只有窘迫才有权威。"许多研究都表明, 包括羞辱在内, 凡是斥责别人的事情乌特库因纽特人（Utku Inuit）基本都不喜欢，以免引起不必要的不愉快或恐惧。成年的因纽特人同样更加喜欢运用温和的幽默来抵制不受欢迎的行为。羞怯很重要，可以防止展示身体或者个人成就，但是儿童应该在成长中学习这一点，无需更加正式的羞辱机制。换句话来说，羞辱或许根本不是原始人类经验的核心。事实上，正如本章后面所说，西方殖民者一开始遇到美洲土著时，大都认为他们没有羞耻感，这也是许多西方观察者认定他们在情感上低人一等的众多原因之一。虽然其中必然牵涉一些故意曲解，但其实至少能够说明程度上的重大差异。[5]

不管在阐明最原始而又最悠久的人类社区的羞耻时遇到什么问题，毫无疑问，在更加复杂的下一阶段，羞耻的表现更为突出。尽管以当代标准来说，农业共同体（community）很小，但比采猎部落仍要大得多——至少聚集了数百人。虽然隐私很少受到重视，但是以单个家庭为居住单位使得执行集体规范变得更加复杂，按说这又需要更加严厉的情感工具。此外，平均而言，性规范的复杂程度肯定提高了，而且性虽然不是羞辱的唯一对象，但无疑是最重要的——亚当和夏娃的故事充分说明了这点，羞耻是对裸体的反应，是对人之罪的第一次惩罚。农业社区比采猎部落更加重视生殖性行为，这就需要一些规条来防止非婚性行为的泛滥，而且为了保护财产继承，他们也更加严格地限制女性的性行为。在这方面，对羞耻和羞辱的明显依赖也加深了，从农业兴起之初，一直到至少18世纪，大多数人都活在这样的制度之下。[6]

在这种情况下，毫不奇怪的是，许多人类学研究都发现，那些连正式政治机构都没有的原始游牧或农业共同体，比单纯以采猎

　　　　　　　　第二章　前现代社会的羞耻与羞辱

为生的部落更加一致地注重羞耻。比如肯尼亚的游牧民族马赛人（Masai）就非常强调这种情感，尤其是男性。他们的创世故事里有一位被羞辱的神（因为被女神打伤了），为了不让人注意到他狼狈的样子，把阳光变得非常刺眼。青春期男孩要接受羞辱测试，其中一项是相当痛苦的割礼，大约14岁或者15岁时进行，而且是公开的，旁观者还会高呼诸如"你敢踹掉刀子，我们就跟你断绝关系"这样的警告语。女性也要接受割礼，不过是在私底下进行。但注重羞耻这点是毋庸置疑的。[7]

研究显示，印度尼西亚明古鲁省（Bengkulu）渔村的居民同样依靠羞耻，尽管具体情形很不一样。在该群体最常提到的情感之中，羞耻感排名第2——跟加州的类似研究形成了鲜明对比，在那里羞耻感只排到了第49位。据村民所说，违反重要的社会规范，受到羞辱的人在公开场合表现畏缩或者设法完全回避与人接触，这样典型的羞耻事件经常发生。羞耻感可能引发自杀，例如，年轻女性未婚先孕，她根本无法承受外界的审视。地位低下也会引发羞耻感，比如一个穷人不得不跟村长交谈，但在自卑感的重压之下，他表现出了常见的羞耻举止和表情。发人深省的是，尽管渔民表示这样的羞耻会引起严重的焦虑，但又觉得它具有道德价值，能够体现适当的尊重。羞耻跟害羞和窘迫联系在一起，因为在当地语言里没有单独的词汇，它起到了激励和表现安抚的作用，反过来又使人能够在大家认可的社会等级制度内活动。竞争也会产生羞耻，例如，一个年轻人会因为打鼓打得最差而感到羞耻——打鼓本质上是一项强制活动。最后，这条明古鲁省渔村的居民很容易辨认出那些没有表现出适当羞耻感的人，将其称为"厚耳朵"，并把他们当成不可信任和反复无常的人。[8]

罗伯特·利维（Robert Levy）的研究强调塔希提人（Tahitians）对羞耻非常敏感，虽然谈不上完全依赖。儿童更有可能受到体罚，而不是被羞辱。不过大家都觉得要以得当的方式展现自我，而羞耻则是一种对比。况且孩子肯定知道父母的爱最终都会被收回，这可能会令他们觉得避免犯错而非表现优异，才是避免惩罚的最佳策略。这是耻感文化共有的从众本能，我们在更复杂的社会里也发现了这一点。这种情绪可以起到威慑作用：一个塔希提人描述了偷窃的念头，但他发现自己会被"看见"，还有可能坐牢，于是克制住了。至于这种情感在哪些方面起到了指引内心的作用，人们认识不一：有人指出，如果他们能够确定不被"看见"，就会违反有关财产或性行为的规则；另一些人指出，即便事实上没有观众，被"看见"的**想法**已经具有足够的约束力。这方面的重要矛盾在于羞耻是表现给集体看的，不是道德指南，而且选择因个人和文化而异，这同样可见于其他羞耻的例子。[9]

最后一个例子是巴西马托格罗索州（Mato Grosso）的梅伊纳库（Mehinaku）部落。这也是一个农业群体，经济相对简单，有社会分化的苗头和强烈的平等主义倾向。梅伊纳库人在许多方面都有强烈的羞耻心。女孩进入青春期，招来男性议论，她们会羞于出现在公共场合。置身未知的社交场合也会引起羞耻感，比如在注重隐私的社会里进入别人的房子，或者跟另一个部落打交道。遇到部落首领，或者突然需要公开发言，都会产生羞耻感。甚至指控小偷都会让围观者感到羞耻，因为告发会扰乱社会——以至于有时候接受财产损失可能更好。对羞耻感及其强烈情感影响的依赖，可以引起人们的同情，而不仅仅是狂怒的指责——这是常常出现在耻感文化中的另一个复杂性。在梅伊纳库人中，羞耻的症状比出乎意料的挑衅更加常见，尽管那也是比较戏剧性的：蒙羞者"害怕被人看见"，设法躲起来一段时间，在树林里散步或照料私人花园，甚至脱掉衣服。有时候他像胎儿一样躺在吊床上，别人说他是因为羞耻而"蜷缩起来"。不过几天之后，羞耻感就会逐渐消散，朋友可以继续和他交往。[10]

可以明确的是：农业共同体的发展加强了羞耻感的使用，从而提高了集体服从，这通常也有助于实施更加复杂的性行为规则。其他的实施方法，包括正式的监督，仍然遥不可及，但这只会扩大对羞耻感的需求和预期，使其超过一些较为简单的社会的需求，从而帮助实施社会标准。这反过来又构成了实际的历史背景，从中产生了更近的一些变化。农业社会没有产生处理羞耻的统一方法，但都会在共同体中强调这种情感，而且可以确定的是，在家庭中同样如此。相应地，人类历史漫长的农业时期为我们可以初步探讨一些关键的历史问题提供了背景——关于羞耻的功能、蒙羞者的经验、羞耻的有效性，以及不同农业社会表达羞耻的相似或差异程度。

前现代社会的历史模式

从各种各样前现代农业文明有关羞耻感的历史文献中得出了若干明确要点，虽然我们始终承认，目前还没有囊括无遗的研究。首先，羞耻感普遍存在，当然，往往是跟罪感一起出现，它谈不上一成不变，但通常是社会规训的主要手段。因为这种情感十分重要，主要的哲学家都予以关注，这可以从古代中国和古希腊看出来。这也是为什么许多地方都围绕性行为和其他行为，发展出复杂的公开羞辱仪式——无疑是前现代史中的羞耻最引人注目的一个方面。不过，现存的记载同样显示出多样性，比如羞耻巩固社会等级制度的作用，更加明显的是对荣誉的特殊信仰产生的复杂形式。最后，我们应该期待有足够的历史研究，这样才能清楚地比较不同前现代文明中的这一核心情感，同时更清楚地记录时间带来的变化。现在本节指出了共同特征和特殊模式之间的张力，下一节将会更加注重西方的情况，那样更有可能追溯前现代背景下的演变问题。

普遍性

根据涉及的共同因素和需求以及现有的数据，的确很容易宣称对强烈羞耻心的严重依赖和体验是不折不扣的农业社会的特点。但就算有这些案例，就像人类学家和其他学者所探讨的，它们的覆盖范围是有限的，我们不能确定是否还有一些重大的例外情况。但很明显，羞耻和羞辱很常见，而且回应的也是相同的需求。这也意味着常常用来评价现代社会的耻感实体和罪感实体之分，可能也不适用于18世纪之前的文明。许多前现代社会根本没有区分规训性情感，虽然在由此产生的混合情感中更偏重羞耻。

这里至少列举了部分前现代社会（也就是已经出现农业，但还没有产生工业经济和大规模城市化的社会），这些社会的羞耻已经得到确认和研究：古埃及和古希腊，中国、日本、朝鲜、印度、缅甸、泰国和马来西亚，中东和东非的多个地区，墨西哥和秘鲁，前现代的西欧和巴尔干，美洲殖民地，以及波利尼西亚和密克罗尼西亚的多个地区。[11]同样地，这不能证明普遍性，我们会发现羞耻的细节可能很不一样,包括跟罪感的重叠程度。但是,前现代社会与羞耻的突出表现存在密切关联,这差不多是肯定的,而且如前所述,理由也很充分。

羞耻普遍存在于许多前现代社会,这确实给分析带来了不少困难。其中之一是需要辨别羞耻的不同定义和实施方式,因为传统社会缺乏现代情感研究的精确性。这是情感史的常见难题,尤为困难的或许是这种情感极为普遍,在此过程中产生了大量的语言变化。不过也有猎奇的倾向。部分权威人士所谓的"耻感"社会的确不同于包括当代美国在内的许多现代社会,尽管谈不上截然不同,而且这个术语肯定过于简化。在这种情况下,很容易突出一些奇异的习俗,进而导致夸大其词(这是日本和美洲殖民地的主要问题),以及忽略一些更为微妙但更常规的羞耻形式。我们对示众和"羞辱游街"的了解远甚于我们对日常情感体验和相关家庭做法的了解,这会成为问题。

但是毫无疑问,前现代社会的羞耻丰富多彩。多样性和多层次的数据与学术研究,产生了对羞辱类型和目的的不同侧重方向,不过即便是抽样,也能有力地证明这种情感在塑造农业社会过程中起到的作用——然后成为获取更大的分析要点的基础。

早期文明

早期文明几乎没有留下任何情感的痕迹,但羞耻是存在的。巴比伦的《汉谟拉比法典》强调了应对家庭羞耻的必要性。"倘自由民之妻因其他男人而被指摘,而她并未被发现与其他男人共寝,为了她的丈夫,她应投河自尽。"在这种情况下,名声破坏了法典注重运用证据来检验任何实际犯罪的惯常做法。法典还显示早期文明在国家提供的治安和惩罚之外,也会利用羞辱作为补充:有些犯罪除了需要付罚款之外，还要剃掉罪犯的一部分头发，这样他们在当地就会蒙羞一段时间。巴比伦法律还展现了用公开掌掴引起羞耻感的威力：无端掌掴地位高的人可能需要赔偿罚款，但在某些情况下，比如成年儿子虐待他的母亲，公开掌掴可以促进改恶向善，即使被掌掴者的法律地位更高，因为这样能够引起公众关注，而且可能让人为家丑感到羞耻。[12]

因为有了文字，早期的文明也需要为少数男孩开设学校。课程很乏味，因为大多数早期的书写系统都很复杂，每天都要背诵几个小时。显然不是每个学生都能忍受这种例行公事，早期学校就用体罚来应对。不过古埃及也会将差生示众，让街坊看到并斥骂他们。[13]这是我们所知道的教育中最早的羞辱，但不是最后的。

羞耻和哲学

后来的古典文明在早期成果的基础上，提供了更加丰富的证据。首先，关于羞耻的讨论在思想界和基础文献中表现极为突出。这包括了《创世记》，其中羞耻是重点，也是唯一深入讨论的情感。在蛇诱惑夏娃并通过她诱惑亚当之后，他们违背上帝的戒律，学会了分辨善恶，上帝问："你们为什么躲起来？"他们回答："因为我们赤身裸体。"显然，人类的好奇心导致了知识的产生，而知识又带来了羞耻心，女性作为初犯，可能比男性受到更多指责。

希腊和中国哲学都很重视羞耻的作用。这方面的成果不仅仅为羞耻在前现代文化的重要性提供更多证据，希腊的思想与实践有一定的关系，比如本章下一节讨论的不同类型的公开惩罚，而且为后来与基督教的对话奠定了基础，能够让人深入理解西方独特的羞耻问题。儒家思想可能更加基本，它作为当代东亚应用羞耻的历史背景，通常缺乏更加具体的历史细微差别，自然经常引发议论，而且肯定应当跟当代希腊的思想表述对比。

苏格拉底、柏拉图和亚里士多德用不同的方式探讨了羞耻。苏格拉底认为，不留情面的质疑可能产生羞耻感，加上由此而来的短暂的痛苦情感，有时应该成为教育过程的一部分，就像他尝试利用这种情感来诱导特别顽固的学生放弃站不住脚的论点一样。柏拉图竭力坚称，通过强调教师或公众人物与其对手的共同点，羞耻可以跟尊重结合起来，即使在他试图运用情感来凸显他为什么和如何反对对方的时候也是如此。如此一来，苏格拉底式的羞耻可能会被用来迫使对话者承认某些享乐必须有所节制，或者做不公正的事比遭受不公更加糟糕：在这些讨论中，羞耻感都被有意用来激起不适和困惑（虽然不是丢脸），但显然是以有益于社会的方式——最终（可能一开始感到难为情或试图回避）靠的是让蒙羞者尝试回到一个更理性、情感更愉悦的位置。柏拉图更加明确地把羞耻定义为由某些个人行为和共同理想典范存在落差引发的反应，但他在强调一些共同价值观的时候更加注意让这种情感明显区别于屈辱。恭敬的羞耻不需要建立"羞辱者"（shamer）处于顶端的等级制度，而可以运作于平等的关系中。[14]柏拉图还探讨了在另一种情况下，如果某一行为能够保密，可以在多大程度上避免羞耻——这是我们在人类学研究中已经发现的前现代社会的另一个常见难题。在谈到羞耻心如果用来避免不受公众认可的性行为，可以如何积极地促进婚姻时，他提出了一个大胆的命题，人可能会"在没有任何男人或女人知道"的情况下做某些事情，但是如果泄露了，无论如何，羞耻感都是不可避免而又可取的后果。[15]最后，尽管这不只是知识的建构，对古希腊社会的评价认为希腊的羞耻最终建立在一个人内在的自我评判能力之上，看他能否违抗一个激励道德行为和促进自我理解的理想他者。[16]

这当然也是亚里士多德强调的羞耻的一面，他将羞耻心视为道德行为的基础。亚里士多德跟柏拉图一样意识到了羞耻的潜在弊端，尤其是这种情绪能够产生对人有害的恐惧。但他被这种无论社会观众是否在场，都有可能起到引导人类行为作用的羞耻感所深深吸引，尽管他承认，有观众参与的话，羞耻感会更强烈："我们认为年轻人容易感到羞耻是对的，因为他们……经常行差踏错，但会受到羞耻心的约束。"相比之下，更为年长和睿智的人可能在行动之前就因为意识到了潜在的羞耻而退缩了。[17]考虑到希腊语没有区分羞耻感和罪感，这位哲学家通常认为羞耻感不是自我毁灭的预兆，而是对特定行为的反应。他深入探讨了羞耻在个人行为方面和个人无法完全掌控的情况下的应用——比如讨厌的同伴造成的损害。他始终坚持羞耻预期对于规范行为的重要性，以及更加熟悉的羞耻经验对于处理过去行为的重要性。对羞耻预期的兴趣清晰地说明，总体而言，希腊哲学家强调的是羞耻显著的社会用途，没有过多关注个人影响。无论是希腊还是罗马时期的斯多葛伦理学，其社会偏重大致相同。[18]

孔子和早期的儒家思想家甚至比希腊哲学家更频繁、更直接地正视羞耻——所以有人声称，孔子的著作中多达10%的内容讲的都是这种情感对于调节社会关系的重要性。[19]这反过来又提出了一种可能性，羞耻很早就已在中国社会以及后来模仿中国文化的其他东亚社会中占据了特别重要的地位，虽然这得有充分的历史证据才能确定。

　　毫无疑问，规训和服从都需要依靠羞耻心，这是儒家思想的核心。正如《论语》所说："道之以政，齐之以刑，民免而无耻。道之以德，齐之以礼，有耻且格。"中国文化属于传统的"耻感"文化，不明所以地就落后于假想的罪感文化，这样的暗示刺痛了儒家学者，他们竭力证明，在儒家思想中，羞耻是推动道德规范内化的情感。就像亚里士多德一样，外部观众可能参与，也可能不参与，关键在于无论如何，羞耻感都会推动人遵守道德标准。其他人就不太相信，因为儒家的羞耻与社会关系有千丝万缕的联系，而且更多取决于感知而不是绝对的规范。有趣的是，频繁提到脸红意味着可以经常接触到外部观众，虽然未必总是如此。各方都赞同，儒家明确关注的不是身体暴露或赤身裸体的感觉——可能迥异于一些不太复杂的社会（如巴厘岛）所描述的那种羞耻。相应地，儒家处理羞耻感的方式不同于精神分析的方法，与性行为几乎没有任何关系。相反，儒家的羞耻观念强调的是越界行为，违反公认的社会行为和社会关系模式。污点或龌龊，而非裸体，构成了他者眼中的主要形象。羞耻的例证因而常常首先包括不当的衣着、食物或更普遍的物品。其次是更为广泛的身份问题，再次则包括言行不一。较为少见的儒家羞耻的例子包括荒废学习的羞耻，或统治者失去土地的羞耻。最后一种是身为仆人的羞耻。尽管从原则上说，即便如此卑微的工作在地位等级中也有一席之地，但是如果一个人在底层工作，他可能会被认为不学无术，甚至可能缺乏知耻改过的能力。这是传统社会中羞耻观的另一个常见问题，我们后面将会继续加以探讨。[20]

总体而言，儒家的羞耻旨在维持不同社会阶层之间的距离，促使下等人服从上等人，促使上等人坚持适当的标准（君子应以修养不足为耻）。就此而言，羞耻是典型的人类情感，将人与缺乏适当等级意识的动物区分开来。一个人的羞耻感显然来自对正人君子如何看待自己行为的适度恐惧，尽管这也可能使人注意到其性格的缺陷——外在标准和内心龌龊没有清晰的分界。物质常常跟羞耻联系在一起，因为它们可能激起欲望，蒙蔽正心，导致有违身份的决定。适当享乐是好的，非分的要求却是可耻的。经常被引用的一个极端例子是，男人穿着女人的衣服，这显然不成体统，应该令人感到羞耻。羞耻的本质是对感官的情感规训，同时又对维系和谐的社会等级制度至关重要。同样地，言行相悖可耻地破坏了社会界限。更明显的是，在跟上等人打交道时行为不当，或在准备丧礼时不够大方，都会被恰当地视为可耻的。回到《论语》，所有这些都清楚地将可耻的社会行为与赤裸裸的犯罪区分开来，法律可能会以适当的方式介入后者。传统的儒家思想没有明确回答羞耻是否取决于内心标准，能否成为可靠的道德指引。但毫无疑问，它表明了这种情感对维持得当的社会关系的核心作用。后来的儒家思想家，比如孟子，明确指出羞耻（用了不同的具体词语表达）可以而且应该既适用于他人的不当行为，也适用于"自己的不当行为"。[21]

　　羞耻在希腊和中国哲学的突出地位或许反映和说明了这种情感在现实社群生活中的重要性，的确，解释中国的情感着重点经常需要引用经久不衰的儒家体系。在希腊和中国，跟现在对耻感文化的道德完整性的过时否定相比，这些哲学在规训和期望方面都极力将羞耻与道德行为联系起来。相应地, 两种传统都不鼓励正式区分羞耻和罪感, 而这常见于第一章概括的各种心理学研究。同样值得注意的是, 两种哲学方法都没有过多关注羞耻与性行为或明显的身体暴露的关系, 儒家对衣着得体的关注可能在某种程度上与此有关, 希腊人（男性公开裸体在任何情况下都被广泛接受）则隐约意识到了羞耻在性规范中的作用。但更重要的是羞耻在社会道德中的广泛应用。与此同时, 两种哲学传统都依赖于一种社会情感, 却表现出令人好奇的差异。儒家对社会界限模糊的迹象感到担忧, 在希腊思想中则根本找不到相同程度的呼应。许多研究者都在儒家思想中找到了中国人很早就开始谨慎对待社群规范的迹象, 包括热衷于要面子, 这跟其他文化的羞耻概念都不一样。

单凭思想史证据显然不足以说明羞耻具有广泛的社会重要性。柏拉图和亚里士多德或许准确地点明了羞耻在古希腊的重要性, 但他们的思考远没有触及希腊人形成的公共仪式, 其中性服从 (sexual conformity) 在许多方面都发挥了更大的作用。儒家思想或许更能代表中国, 但也不是完全可信。在提到前现代社会最为丰富的礼仪和惩罚的证据之前, 应当先注意到另一个领域, 那里的证据可能没有预想的那么多, 却显示灌输羞耻感的习俗普遍存在。

家庭和社会生活中的羞耻

当代的学术研究强调, 探究前现代生活中羞耻的真正性质, 需要留意过去父母的做法。这可能是比正规的长篇大论更能说明问题的切入点。我们完全有理由相信, 作为如厕训练等领域的规训的一部分, 父母的做法使儿童面临爱被剥夺的实在威胁, 这构成了今后在生活和更大社会背景下运用和体验羞耻的重要前提。遗憾的是，尽管童年史发展蓬勃，但是历史学家没有给予这方面的情感生活相应的关注。结果在目前对前现代时期的羞耻的认识上，出现了令人遗憾的不足——尽管并非完全空白。

可能不出意料的是，前现代中国为育儿模式和羞耻准备的关系提供了最为清晰的证据。最近的研究令人兴奋，虽然没有聚焦于羞耻，但是肯定表明中国的家庭关系为羞耻感的出现创造了足够的条件——尽管在这种语境下很少用到羞耻这个词。孩子的热烈情感以母亲为中心，在极端的父权制社会里，母亲完全有理由从一开始就跟孩子建立紧密的关系。因此，中国人把孝顺父母，特别是孝顺母亲，当成所有其他美德的基础，因为"孝子之事亲也，居则致其敬"。正如汉代的一句话所说："孩提之童，无不知爱其亲者。"[22]许多母亲直接将这种情感基础带入对孩子表现期待之中，就像唐朝一位妇女严肃地告诫她一岁的儿子："如果你不努力建功立业，我宁愿现在就死。"母亲经常提到她们经受的痛苦和磨难，这有助于将孩子的情感依恋变成延续下去的基于羞耻心的义务意识。而且毫不奇怪的是，古代中国的学校一直在运用羞耻。虽然类似鞭笞这样的体罚，应对的确实是学生的不良行为，但还有一个传统是让行为不端或表现不佳的学生"右袒"* 一段时间，以在同学和老师面前展示自己的不足。[23]

希腊和罗马的家庭关系里可能没有那么炽烈的情感，当然也没有那么注重母爱和收回母爱的可能性。但罗马人肯定认为羞耻感是家庭生活的一部分，他们强调要把表扬和批评结合起来（而不是过度

---

* 亦可见于《礼记正义·檀弓下》："凡以礼事者左袒，若请罪待刑则右袒。"

依赖体罚），好让儿童"远离不光彩的事情"。[24]早期欧洲的育儿研究同样对羞耻的作用不甚了了。对17世纪法国模式的一项分析强调当时严重依赖体罚，但也指出，成人并不关心儿童自立自主的努力，这营造了一种"恐惧和怀疑"的氛围，影响当时和成年以后的人际关系。耐人寻味的是，在这个社会里，如厕训练相当混乱，缺乏明显的羞耻成分，但是其他互动可能更有利于形成这种情感。[25]

羞耻一直延续到成人的社会关系中。中国的村庄经常通过公议来制定和实施行为标准，这显然反映了儒家观念。面子或者说脸面的概念很早就出现了，强调履行义务和做人体面的重要性——换句话说，声名扫地的人就无法胜任社会职责。各种各样的行为都有可能导致这种基于羞耻的结果：遵守商业协议，不行诈，偿还债务，履行婚约，穿着得体，富有的人不要显得吝啬，博学的人不要卷入纷争，不要信口开河。经济行为非同小可：宋代有村志记载，任何坑骗市集商贩的人，如果他真的敢回家，就会"永远都抬不起头"。[26]羞耻的应用反映了地位，这很明显：对那些社会身份高的人采用的标准更高，尽管相关公议牵涉的不仅仅是身份群体。关键是牵连家庭：一个人如果引起乡里的反感，他就不能只想到自己，也要想到父母和兄弟姐妹。显然，我们并不总是清楚个中涉及多少情感，因为乡里的存在和评价的运作与个人对羞耻的接受能力无关；提到眼睛和耳朵意味着提到相关的受众，同时常常伴随着对个人事件的描述。但至少我们知道这种模式的核心是某些形式的羞耻和回避羞耻，还有对他人希望免受乡里责备的体谅。[27]同样，迄今为止的证据很零散，尤其是近代早期以前的中国材料。毫无疑问，家庭和社区确实广泛牵涉其中，但有许多机会进行更多的具体研究，从而扩大以此为目的进行探索的范围。

公开羞辱

如果说个人方面的证据现在还没有期待的那么充分，那关于羞耻感在公共和法律仪式中的作用，情况就不一样了。这方面跟一些哲学文本中的羞耻主张有着实实在在的联系，尽管有时候是扭曲的，因为许多前现代社会都为羞辱和羞耻体验制造机会，这显然是为了惩罚不良行为，促进期望的服从，使人充分认识到社会规范。这些做法可能反映了父母的管教，但是多半并不依赖于此：这些都是社会强加的，与任何个人情感的积存都没有关系。

羞辱在许多，甚至可以说在大多数更复杂的前现代社会都很常见。这些习俗有时用来执行法律，但更常见的是用来维护社会规范，而不管其合法性，并且往往独立于任何正式的国家行为。这些习俗可能取代暴力惩罚，或者有时结合两者。但重要的是羞辱和随之而来的屈辱的情感体验，这往往比任何有形的桎梏都更痛苦。

在许多个世纪里，日本一直将被捉奸在床的妇女示众。拉丁美洲直到19世纪末仍会公开羞辱性罪犯。古希腊有很多公开的羞辱仪式，有时候会跟法庭合作，但多数时候只是自发的社群行为。另外，在有些地方，上层阶级的罪犯可能会受到社群的嘲笑，这样的民主特色并不常见。普鲁塔克（Plutarch）指出，有个城市的妇女如果被发现通奸行为，会被称为"骑驴者"（donkey-rider），因为她们站在集市示众之后，要骑驴游街。在另一个城市，男性通奸者会被绑起来，在城里游街三天，女性通奸者则被迫穿上透明的短袍，在集市里站十一天——裸体和羞辱的联系变得一清二楚。在戈尔廷（Gortryn），男性通奸者要穿上女装示众，加重象征性的情感负担。剃掉半边头发是另一种使人遭受公众鄙夷的方式，至少在头发长回来之前是这样。显然，羞辱对希腊的社会管理至关重要。通奸问题本来就复杂：许多希腊当局强调，可耻的与其说是通奸本身，不如说是对公共秩序的潜在破坏：羞辱制度明显是为了阻止日后的违法行为，也是为了防止私人恩怨。其他违法行为也会被处以示众，比如虐待父母或逃避兵役（在雅典须戴五天五夜足枷，并交罚款）。这是一个法律问题，正如狄摩西尼（Demosthenes）所说："立法者认为，做出这种可耻行为的人应当在羞耻中度过余生。"[28] 在斯巴达，只有懦夫和单身汉才需要情感报复，这里的报复意味着必须在集市上裸体走动。当然，示众通常伴随着公众嘲弄，甚至身体虐待，在这方面，就像许多其他社会一样，女性至少和男性一样热切地参与其中。很明显，是希腊人发明了给男性通奸者"种萝卜"的习俗，他们在通奸者戴上枷锁、不能动弹的时候，把大棵蔬菜塞进他的肛门——给人带来痛苦的同时，暗示着他的女性角色，令其更感羞辱。然而，各种各样的羞辱做法都会避免留下永久的印记：虽然狄摩西尼的评论很严厉，大体而言，人至少可以熬过仪式而不留下终身的瘢痕。不过在有些情况下，判处的惩罚会更加持久，例如取消出入神庙的资格或剥夺公民权，对违法者及其后代都如此——羞耻的标记会延续下去。[29]

　　许多伊斯兰城市也有类似的屈辱游街的习俗，或称"*tashir*"。跟希腊一样，这种习俗介于正式的法律惩罚和民众的愤怒之间，有点模棱两可。"示众"的目的是让被告比遭受鞭打或监禁更加难受——因为这涉及强烈的情感不适。有时候伴随着特殊铃铛声的惩罚游街，能引来大批群众。受罚者通常戴着侮辱性的帽子或被剃光头，脸也有可能被烟灰抹黑。在有些地方，被告还要倒骑着驴游街。在场群众不仅大喊大叫，还经常扔鞋子或吐口水，令人更感受到侮辱。各种各样的罪行都可以成为这种做法的由头。一种是性行为，涉及妓女或放荡的女性（比如公开跟男性一起喝酒的人）。但是奸商也该受到羞辱——在这种情况下，有时候他们会跟自己的劣质品绑在一起；还有那些在法庭上作伪证的人。在一个极为依赖互信的社会里，让人倒骑动物的仪式其实回应的是法庭上的颠倒是非。可能还涉及宗教犯罪，包括亵渎神明。跟希腊一样，羞辱可能是为了造成长久的影响，因为当局呼吁公众提防被揭发的人，但从原则上来说，持续时间可能短得多。在重视隐私、不鼓励公开认罪或侮辱的社会，有意公开的羞辱，其本质就是回应那些同样公开的罪行："如果有人在公共场合做了什么，就可以谈论他，否则就不可以。"[30]

最后一组来自西欧的例子贯穿了中世纪到18世纪。荷兰的不法之徒可能带上各种羞耻的标志游街示众——给差劲的音乐家一支特殊的笛子，给通奸者一顶嘲弄的王冠。驴子也被叫过来。没有行医资格的人倒骑着这些牲畜游街。[31]妓女可能会被装在木桶里穿街过巷。作伪证者必须坐在木马上。重婚者可能会被关在市场的笼子里，待上一个小时左右，并挂上一个大牌子，标明他的不法行为。在英国，造假者戴上足枷或颈手枷，头上顶着列明罪状的纸。跟古希腊一样，羞耻游行可能会令权贵受到平民的公开嘲弄——尽管有时候这种表演显然是出于政治考虑，比如羞辱被废黜的英格兰国王的情妇来显示新任国王的权力。

公开羞辱显然凸显了羞辱者的情感，其中通常混杂着厌恶、愤怒, 甚至恐惧, 而不是羞耻体验本身。无论蒙羞者一开始是否感到羞耻, 他们肯定会感受到情感上的, 而且往往是身体上的强烈不适。至少在某些情况下, 他们肯定经历了在当代心理学认为的与羞耻有关的情感痛苦(或者是亚里士多德提到过度恐惧的可能性时指出的情感痛苦)——这肯定与涉及的社会目标一致。

尽管有关个人反应的证据有限, 但是羞辱跟羞耻是相关的。在某些情况下, 适当的羞辱表达可能从源头上避免了更极端的惩罚, 而且鉴于对羞辱的预期, 严厉的公共仪式肯定可以提前规范行为——这也是亚里士多德和当代美国社会学家提出的观点。集体羞辱是戏剧性的, 但我们也知道这并不如人们有时想象的那么普遍——这将在下文加以讨论, 比如在论述美洲殖民地的时候。对羞辱的预期和由此产生的谨慎, 比羞辱本身更普遍。最明显的是, 集体羞辱说明羞耻的重要性和有效性得到广泛认可, 这些仪式加上这种情感自身的痛苦, 肯定能在很大程度上对一些丑行起到威慑作用, 否则这些行为可能更加泛滥。

公开羞辱和正式惩罚

很多时候, 公开羞辱和往往规模可观的集体自发行为会逐渐演变成以羞耻为辅助的更正式的、国家强制的惩罚。很显然, 将情感当成执法手段的社会几乎没有正式的治安机构, 监狱系统也很不完善。

在欧洲和其他地方, 这样的羞辱有几种形式。首先是给某些类型的罪犯身体打上烙印, 令其痛苦不堪, 但最重要的是他们余生都被标记成羞耻和怀疑的对象。小偷可能会失去一只手, 在欧洲通常是一只耳朵。性犯罪者, 例如通奸者, 可能被迫穿上特别的衣服, 或者佩戴字母，这即便不是永久的，至少也会持续一段时间——美索不达米亚的法律就已提出这种做法。

在许多地方和许多场合，公开鞭笞都是为了令人感到屈辱和痛苦。在罗马，被鞭笞的通常都是奴隶，因此，对被判有罪的其他阶级的成员处以公开鞭刑，显然是为了羞辱他们。同样地，许多论者认为情感负担比鞭子的伤害更深更持久。这也是后来约翰·洛克评论鞭笞行为不端的学生时的观点：这位经常介入儿童待遇改革的人士赞许地指出，在这些情形下，羞耻而非痛苦才是真正的激励因素。[32]

羞耻适用于社会最严重的惩罚。即便已经被判处斩首或绞刑的罪犯，都要先绑在马车上游街示众，并鼓动群众嘲弄他们，否则无法令其充分感到屈辱。（如果让一个英国罪犯选择，他宁愿被斩首而不是绞死，因为后者更可耻。）所以公开羞辱的目的是加重最终的惩罚，震慑犯罪分子，让围观者深受教育。当然，这种特殊的做法可能适得其反。群众可能会同情死刑犯，从而破坏羞辱仪式，虽然还不至于干扰其执行。被告也可能违抗而不是接受羞辱，利用仪式来宣扬他们的清白或反叛的情感自主。但是这样做也有可能获得预期的效果，群众感受到了恰如其分的义愤，个人则低着头，种种迹象都表明羞耻和恐惧的目标都已实现。[33]

总的来说，公开羞辱虽然含有一定程度的不确定性，摇摆于侮辱和可能实现的救赎之间，目的却始终都是在两方面给人告诫。有些羞辱，尤其是结合了其他惩罚或烙印的羞辱，显然只是为了表达官方或社会的愤慨。但是如果羞辱的时间有限，只在限定时间内曝光，没有永久性的标记，如果羞辱明显取代了社会暴力，这至少从理论上来说有助于随后重新融入社会。规训的方法可以变得很复杂。[34]

羞耻、等级制和荣誉

羞耻在知识话语、个人生活以及公共仪式和法律中都有一席之地，除此之外，其在前现代背景下的另外两个方面也值得关注，尽管不同地区之间差别很大。一定程度的羞耻感往往适用于更大的社会范畴，从而强化了等级制度。另外，尽管不仅限于某些上层阶级内部，羞耻与个人或家庭荣誉的特殊联系扩大了这种情感的意义和影响。

羞耻和不平等

当代的羞耻研究常常提及其体现和维护等级制度的作用，这层联系在论述现代时期的羞耻时再次出现。所以官员或教师通过羞辱囚犯或学生来表现他们的权威，至于广义的种族主义，表达方式往往就是羞辱的行为和语言。有些时候，前现代社会中的不平等可能极为明显，执行也很到位，连用羞辱来做进一步规训都免了。奴隶身份或低种姓地位可能明显地低人一等，无需露骨的羞辱来增加负担。只有当适用于奴隶的做法推广到其他人时，才会有羞辱的意图。可能在更现代的情况下，法律对等级制度的维护弱化了，变得更加支持平等原则，羞辱对于边界设定就更重要了。但在前现代社会，羞辱和等级制度并不总是泾渭分明，例如中国要求最底层的社会群体（包括优伶和妓女在内的"贱民"）在公共场合戴上独特的绿色头巾*做标识。其中涉及的羞耻感可能不是当代那种强烈的形式，这恰恰是因为各方

---

* 汉代时期，裹绿头巾为身份卑贱者的标志。唐朝时，李封对有罪者的处罚是令其戴绿头巾，从此渐渐成为一种羞辱习俗。

都在一定程度上认可和接受等级制度，但这可能会影响到社会关系和情感经验。

众所周知，产生于农业社会的不平等比早期人类社群普遍存在的不平等更加严重，不平等与羞耻的关系因而显得尤为重要。与许多工业社会相比，农业时代的不平等也比较正式，得到广泛认可，尽管在后面的章节需要加入更多细节。这一结果对于羞耻作为社会期望和至少有时候作为个人经验的构成有重大影响。

因为，尽管得到法律的正式认可，合理确立的等级制度经常会让人感觉某些下等群体本身就有点可耻——有时这些群体中的一些成员可能都会有同感。羞耻和自卑因而相互关联，相互强化。结果可能是社会上层期望下层群体做好表现羞耻的特别准备，这当然是就行为不端而言，而且在一定程度上甚至可能作为遇到他们上等人时的情感润滑剂。对于下等人来说，谦逊的表达，有时候甚至是真的略感羞耻，可能会为原本尴尬或未知的情形提供一座称心的情感桥梁。

因此，儒家对仆人和羞耻多少感到疑惑。他们的地位如此之低，羞耻已经无关紧要了吗？抑或他们的地位应该反映在一些羞耻的表达之中吗？印度的种姓制度虽然在一定程度上区分了不同的群体，但可能对贱民灌输了类似的观念——羞耻和这样的最低地位密不可分，或者说应当密不可分。奴隶制可能也有类似的效应，尤其是充斥着种族主义的时候。羞耻感通常与身体或精神残疾联系在一起，这在许多前现代社会，无论对残疾人还是他们的家庭，都是重要的生活现实。

但是，自卑和某些羞耻感的普遍联系最为常见的表现跟性别有关。众所周知，女性会为某些性侵犯感到羞耻，而男性更加容易实施这些性侵犯，并且对男性的羞耻预期要低得多，实际的羞耻体验往往也少很多。在基督教和伊斯兰教里，尽管严格来说，男性和女性在精神上是平等的，但认为女性比男性更有可能成为罪人，这样的观念很容易使人们倾向于将"低等"性别与羞耻联系在一起。细心解读儒家思想的话，或许可以避免这样的情感结论：在班昭著名的妇德手册里，那些表现出合适的顺从以及忠实地履行适当职责的人，或许可以避免感受到一般的羞耻。但女性的谦逊及其对羞耻特有的接受度也可能出现在传统中国。[35]

无论如何，在印度教的分支奥里雅印度教（Oriya Hinduism）里，性别和羞耻的联系可能是最有趣的，最终的结果跟世界其他宗教相似，但情节更容易想到，与羞耻的联系更加鲜明。在奥里萨（Orissa）地区，湿婆神（Siva）统治着主要的寺庙，湿婆的妻子迦梨女神（Kali）用一种特别的方式羞辱了自己，并产生了性别的观念和对羞耻特别的身体表达。传说迦梨杀死了连男性都无法制服的恶神。但她随后挥舞武器，自顾自地进行破坏性的狂欢，吓坏了其他神。因此，他们派她的丈夫、沉思的湿婆来驯服她，但迦梨沉浸于破坏之舞中，没有看到他，还踩到了他。意识到自己的所作所为之后，她羞耻地咬住舌头，"除了羞耻，还有什么？羞耻……因为她做了不可饶恕的事情，所以她感到羞耻"，正如一位当代的印度教信徒所说，随后她恢复了理性和冷静。教谕是什么呢？女性拥有比男人更强的破坏力，但为了社会秩序，必须控制住其背后的愤怒。一个简单的方法是袒露羞耻，通过伸出被咬的舌头，羞耻感成为一种公开的表现——这在其文化中得到广泛认可，无论是在艺术还是日常经验方面，不过，当然，在这种文化之外它毫无意义。许多身处这种文化之中的人不仅知道这个故事和迦梨的舌头，还将其应用于自己的生活中——要在回应错误的时候表现出羞耻感，同时援引迦梨。"所有女性……行为不端时都会咬住她们的舌头。"这一结果通常被认为是羞耻有用和可取的一面，尤其是在对羞耻的敏感抑制了愤怒的时候。[36]

羞耻和等级制度在传统社会以及仍然受其遗留影响的社会中根深蒂固地纠缠在一起。上层人士可能期待下层人士表现出来的谦逊举止显然并不存在，或者是假装的——事实上还可能导致下层人士的愤恨，尽管通常不会公开表达出来。但是，羞耻和等级制度的关系也可能至少在某种程度上为"下等人"所接受，从而构成正常情感经验的一部分，同时以温和的形式成为默认的情感策略，帮助协调关系。在这方面，跟上一章概括的当代主流表述不同，一定程度的羞耻无需非常强烈，甚至不必令人不悦，而只需提供一种各方都能接受的社会调解方案。

荣誉和羞耻

许多前现代社会都发展出强烈的荣誉感，这在军事团体中最为明显，但至少在有些社会，荣誉感更为广泛，尤其是在正式政府和法律的掌控薄弱或不存在的环境里，以及在团体认为他们必须自食其力的时候。荣誉可以维护社会或性别地位，表现或巩固上等人的地位。它在一定程度上取决于对羞耻的接受程度与社会等级制度中下层期望的差别——在这一点上，荣誉没有得到维护时人们就会感到羞耻。然而，尽管荣誉启发了许多历史学和人类学文献，其对羞耻的看法往往跟这种情感的更多惯常表现有所脱节，所以很有必要予以简短概述。如果基于荣誉的冲动出现在一些最为臭名昭著的行为中，如决斗或仪式性的自杀，它往往承载着超越羞耻的情感和社会负担。[37]

在中国的周朝，也就是通常所说的封建时期，在更有效的帝国政府出现之前，一位诸侯大声宣布他努力为遭受另一个家族羞辱的祖先报仇的依据。"今君之耻，犹先君之耻也"——他声称九世犹可以复仇。[38]羞耻和从情感上脱离一个受到尊重的群体的真实感受，两者之间的关系至少是复杂的：在基于荣誉的反应之中，愤怒和嫉妒可能是比羞耻本身更加突出的情感，尽管羞耻可能产生长期记忆的说法很有意思。在前现代的欧洲，嫉妒经常受到高度赞扬，恰恰因为其为捍卫荣誉提供了强大的情感基础：牵涉荣誉的时候，羞耻可能在情感反应清单上处在非常靠后的位置。[39]

但荣誉的确凸显了名声的核心地位，这可能反映了与真实或想象的共同体的情感联系。这种羞耻的核心要点通常与男子气概的概念直接相关："包羞忍耻的男人根本不算男人"——理应对此感到羞耻。[40]就此本身而言，这样的情感关系可以出现在各种各样的情况下——当然是在封建社会，但也包括美国西部边境或城市贫民窟。这包括觉得缺乏保护、脱离团体乃至显得愚蠢等带来的恐惧感，结果无疑是形成了强大的情感包袱。

日本的武士文化常常被视为基于荣誉的羞耻感的一个特别生动的例子。对于这个阶层的成员来说，羞耻感是自豪感和自尊感的反面，后两者往往令人觉得他遵守了群体公认的规范。正如一位19世纪中期的武士所说："羞耻是武士用语中最重要的一个词。没有比毫无羞耻心更加可耻的事情。……有人问我，犯罪和羞耻哪个严重？我回答说：犯罪是身体上的，但羞耻是灵魂上的。"暴力是这种文化最明显的结果——如果荣誉受到质疑，就需要凶猛一击来捍卫，即使在最绝望的时候也要表现出坚忍不拔的精神："有羞耻心的武士即便砍头也不会做任何有失体面的事情。"但在日常生活中，羞耻或者说避免羞耻的强烈渴望，更为重要的作用可能是推动旨在维护群体规范的决定，尤其是展示勇气和主动性。即便在更加官僚化的环境里，例如德川幕府，当战事迅速减少的时候，荣誉和羞耻仍然激励着武士以保护名声为行为的首要目标。诚实守信，忠于上级，穿衣得体，严于律己——这些都是除了身体胆量之外，可以维持荣誉的品质。他们将基于荣誉的羞耻心带入远远超出战场的更为广泛的社会和道德标准之中。毫无疑问，对武士来说，基于荣誉的羞耻有许多特征都与更加日常的环境里的羞耻相关，尤其是拥有共同羞耻标准的想象的共同体。这可能意味着跟许多当代的耻辱定义一样，即便没有表现在实际的群体面前，一个人也会有内在的羞耻感。事实上，武士领袖经常特别强调"自省"作为荣誉一部分的重要性，即在"无人听闻"的情况下做正确的事的能力，鉴于日本人担忧西方人草率抨击他们的"耻文化"，这一点很重要。[41]

　　基于荣誉的羞耻心还有其他含义，至少在某些表述里是这样。它通常包括家族和自我——正如之前的中国例子所显示的那样。如果一个人的家族成员受到侮辱，或者有亲戚没有遵守一定标准，他可能或应该感到羞耻。在这一点上，荣誉可以直接跟社会性自卑带来的羞耻观联系起来：例如，一个男人要为妻子女儿的行为负责，如果她们受到虐待，或者她们自己越轨了，他就要有所行动。我们并不总是容易确定，男性在这种情况下是真的感到羞耻，抑或只是为了避免群体的指责, 经常表现出对所谓不良行为的愤怒。同样, 基于荣誉的羞耻的暴力表现很复杂。[42] 但是除了武士阶层, 许多群体可能都会积极维护家族荣誉感, 由此而来的羞耻要么表现为惩罚行为不端的亲戚的必要性, 要么表现为报复外人的侮辱——即使不用暴力, 至少是通过另外的侮辱, 或者在某些情况下采取法律行动。在有些地方, 例如古希腊, 荣誉的家族基础也意味着羞耻可以代代相传。[43]

就此而言, 基于荣誉的羞耻也可能涉及达到、符合群体标准。无论在过去还是今天, 这都是这种特殊形式的羞耻与这种情感的其他表现相联系的另一种方式。尽管缺乏细致的历史研究, 但在东亚, 基于荣誉的羞耻似乎随着时间的推移, 转化为对学生成绩的特别关注及其在维护或辜负家族荣誉方面的作用。

最常见的是, 基于荣誉的羞耻反映了对地位的敏感和回应任何看来破坏了或贬低了个人声称的地位的事情的需要, 无论这些事情多么微小。挑战可能源于无能或表现不够, 或者礼数不周和不够得体, 或者确实源于违反道德标准。其中牵涉的情感, 就像更常见的羞耻一样, 将个人与现实或想象的群体联系在一起, 而且可以变得非常强大。同样地, 这就是为什么日本的羞耻感常常涉及 "被压倒" "受伤" 或 "被玷污" 的感觉。在对共同体深度依赖的地方, 这种情感的严肃性和强度是毋庸置疑的。[44]

模式和问题

即便不用残缺的历史记载大做文章, 至少在更复杂的农业社会出现之后, 我们能够通过思考羞耻在许多前现代社会的作用, 得出一些结论。羞耻可以出现在任何地方，在公共行为和荣誉概念里肯定是这样，在更普遍的家庭行为中可能也是如此。这首先反映了运用情感加强共同体凝聚力的需要，尽管在某些情况下，维护等级制度的作用为羞耻提供了额外的动力。但是，羞耻的无处不在也凸显了一些跟现代观念的重要区别。羞耻和尴尬有所重合，比如在某些基于荣誉的反应中，或者在儒家对社会礼仪的关注上，很难分得清。更具挑战性的是，在一些表述中，羞耻感和罪感明显结合到了一起——无论问题是哲学家探寻伦理学的情感基础，还是公共仪式利用羞耻来实施纪律。[45]

前现代的模式确实可以说明，至少在某些情况下，羞耻的破坏性强度符合当前心理学的担忧。公开羞辱可能很难忘却。基于荣誉的羞耻在极端情况下可能导致自杀。在日本，武士自杀的案例，尤其是被称为"切腹"的仪式性剖腹自杀，在前现代的几个世纪里其实相当罕见（这种惩罚通常是法院的判决，而不是个人的选择），但这确实发生了。[46]羞耻潜在的破坏性可以用来佐证关于前现代社会的另一个重要观点：避免羞耻很重要，这突出了这种情感在社会和家庭管教中的作用。但是，前现代社会也可能表现出相对温和的羞耻，并在一定程度上承认，即使令人不快，这种情感仍有正当而积极的作用。使用羞耻来缓和既定等级制度的社会关系的群体，或者受宗教教育而认为人类普遍卑劣的人，可能会觉得这种情感是自然的，并不总是只有破坏作用。

这种张力常见于羞耻令人不知所措的强度与其潜在的可接受性，甚至是正常性之间，也限制了受到羞辱之后重新融入社会的可能性。有时候羞耻意味着永久的污名，就像身体的烙印。但许多前现代社会也强调，无论强烈与否，羞辱都是短暂的。一个人可能会被公开曝光，但仅限于特定的时间段，往往只有几个小时，之后只要他看起来接受了惩罚，事件就可以告一段落。重新融入的羞辱还包括许多情形，其中个人可以向社群忏悔和道歉，甚至都不需要更复杂的仪式；或者潜在的罪犯遇到社群的明确反对时可以退缩——比如在进行可疑的商业交易之前——这样事情很快就会被遗忘。[47]

尽管与社群标准有着广泛联系，前现代的模式也显示出极为多变的一面，但是仍应进行更加具体的比较。隐藏的可接受性问题在许多耻感文化中都有发现，但在哲学和现实的社会生活层面引发的反应各不相同。看不见的冒犯可能引发羞耻感，也可能不会。[48]很多时候，羞耻与性行为的共同联系确实显而易见，但在有些社会，羞耻感在荣誉的其他方面，或者在执行公认的商业惯例，乃至体面穿着方面的重要性，同样值得关注。在有些社会中，接受荣誉准则可能让人学会接受强烈的羞耻感带来的痛苦，但是无论隐藏手段怎样高明，其他情形肯定也会产生羞耻对人并不公平的感觉：当然，被定罪的犯人对羞耻的公开反应各不相同，有人表示谦逊，有人则表现出愤怒的反抗。个人实际的羞耻体验是情感史的重要组成部分，有待进一步的探究。

最后，在评估羞耻的有效性时，必须从整个社会的角度探讨前现代的记载。当然，鉴于其持久性，羞辱的习俗往往产生积极的结果，而非当代通常以为的情感伤害。对羞辱的依赖可以促进社会服从。这可以影响犯罪率，正如美国殖民地时期的一些历史学家所说，结合羞耻文化常常产生的侵入式社区监察，可以限制其他犯罪行为，比如虐待儿童。[49]现实的公开羞耻事件往往少于预期，恰恰因为这种情感力量的预期影响。

西方经验中的羞耻

跟其他地方和时期相比,某些公共仪式的普及说明前现代社会的羞耻模式在许多方面都适用于罗马衰亡之后的西欧历史。但历史学家和文学研究者苦心孤诣,研究了中世纪到现代早期的几个世纪的西方经验,进一步厘清了某些关键点,包括在前现代背景下处理随时间而发生变化的重要性。而且,无需表明进行详细比较的可能性,基督教的出现的确提出了一些同样值得关注的问题——尽管结果大体上肯定了羞耻在前现代社会的情感词汇中的核心地位。最后,在更大的西方框架内,有关北美殖民地时期的羞耻的重要历史学术研究加深了对前现代羞耻的某些方面的理解,同时为考察后来的变化设定了另一条基线。

基督教、罪感和耻感

从罗马帝国后期的教父时期到中世纪及以后,主要的基督教思想家经常思考羞耻。有一个希腊人和罗马人都没有面对过的问题:基督徒同时对上帝和社会负有义务,两种义务可能发生冲突。奥古斯丁(Augustine)因而仔细区分了羞耻感和罪感,认为罪感应对的是罪,支配着个人与上帝的关系,而羞耻感只是对舆论的回应。德尔图良(Tertullian)*甚至更早,在基督教的信徒显然更少的时候就写

---

* 德尔图良,古罗马基督教神学家、哲学家,第一位拉丁教父。著有《护教篇》《论异端无权成立》《论灵魂》。

道：基督徒要"蔑视羞耻"，就像那些藐视集体习俗，将人生献给上帝的隐士一样。[50]这一区分是精心论述的文献的基础，这些记述不时出现，以区分罪感社会（"西方"，更好）和耻感社会（大多数其他国家，更差）。

不过，尽管这一区别值得关注，许多基督教权威没有将此当真，他们很快就认可了羞耻的重要性，而且几乎跟早期的希腊人或儒家一样，往往把罪感纳入其中。毕竟，《圣经》提供了足够的先例，从亚当和夏娃的堕落开始，有罪就应该感到羞耻。羞耻导致痛苦，但也是救赎的基础，是补救堕落人性的重要情感。[51]当然，如果只是简单地加以社会谴责，羞耻感可能会令人心烦意乱，甚至适得其反，但其核心功用不容否定。从奥古斯丁起，贯穿中世纪，直到路德这样的新教徒，基督教领袖都强调羞耻是忏悔的基础，天主教的告解也是。因此，奥古斯丁在《上帝之城》卷四强调，羞耻是对猥亵行为的重要反应，德尔图良和其他人则阐述了羞耻保护圣洁童贞的作用。正如弗吉尼亚·伯勒斯（Virginia Burrus）所说，总体而言，早期基督教的"创新之处与其说是用罪感取代羞耻感，不如说是无耻地接受羞耻"。[52]

在这种情况下，羞耻观念早早出现在盎格鲁-撒克逊时期的英格兰并不令人惊讶，包括在8世纪首次出现的"羞耻"（shame）一词本身。这个词起源于日耳曼语，跟早期表示遮盖自己的单词有关，其与裸体和性焦虑的潜在联系耐人寻味。同样意味深长的是，在早期英语中，这个词**既**可以表示因蒙羞或丢脸而产生的情感，**也**可以指预期的情感体验，这种体验恰恰因为情感上的痛苦而应当避免。相应地，后来的英语文学，如《农夫皮尔斯》（*Piers Plowman*），都强调羞耻导致的痛苦比任何身体伤害都要强烈，但也强调了它维护社会地位，尤其是维护女性贞洁的必要性和可取性。[53]

冒昧地说，不同于易变的社会习俗，基督教中定义原罪的神圣标准很重要，但几乎所有的证据都表明，西方基督教对待羞耻的方式在许多方面都与其他前现代的表述相似，最重要的是强调了这种情感促进良好行为的重要性。如此程度的接纳回避了羞耻感和罪感的区分，并提出了关于内在情感体验与社群强制的问题，进而将基督教的方式与其他地区遇到的问题联系起来。

随时间发生的变化

西欧的羞耻重点也发生了重要的改变，尤其是从中世纪晚期开始。羞耻变得更加重要，带有更多的含义，其中包括跟骑士文化中荣誉的关联。新公共习俗的出现说明社会更加依赖羞耻，但也产生了更广泛的大众情感参与。在英语中，甚至单词的使用都一度发生改变，以应对新的需求。在仍然属于前现代的背景下探讨变化的能力，对于历史分析来说是非常重要的补充，希望最终也能应用于其他地区。[54]

宗教一直关注着羞耻。可以肯定的是，乔叟（Chaucer）和其他人偶尔会重提耻感与罪感之分，以此作为回应原罪和羞耻与解决社会需求的重要手段。但羞耻继续得到多数宗教舆论的支持，连路德（Luther）都认为基督承担了人类的原罪和羞耻。此外，到了16世纪和17世纪，由于新教强调原罪，大家更倾向于将某种程度的忧郁视为上帝和众人眼中得体的人类举止；这反过来又使羞耻感看起来比以前更得体。[55]有人沉迷于羞耻和屈辱，甚至以美德为恶，暗示情感痛苦使他们在某种程度上等同于基督教殉道者，这引起了不少担忧。但总体而言，这种情感引导美德的作用仍然得到认可。[56]

从中世纪末期一直延续到17世纪，骑士精神的兴起和社会上层对荣誉更为明显的关注，对羞耻产生了相当的刺激。骑士文学大多源于个人名声或家庭声誉始终受到威胁的感觉，并以此为主题。跟荣誉和羞耻相连的其他情况一样，实际的情感结果并不总是清晰的：基于荣誉的羞耻心不一定像其形式的羞耻那样涉及人与人之间的争斗。有些荣誉问题更多地与政治和财政上的权宜之计相关，包括为被俘的骑士支付赎金，谈不上深刻的情感经验。基于荣誉的羞耻心可能是短暂的，引起一阵子的强烈骚动，之后的结果却是令人诧异的彻底宽恕。[57] 此外，与其他地方的荣誉文化一样，家族荣誉受到冒犯，可能会殃及下一代。少数学者从骑士文化出发，力主在从鼓励人视自己为罪人而接受耻辱的中世纪，过渡到更加自负和个人主义的文艺复兴时期的过程中，肯定需要从根本上重新定义羞耻，羞耻因而变得更加复杂。[58] 但是，学术观点的平衡促进了更为长久的连续性，在荣誉文化的长期刺激之下，直到18世纪仍有其他的羞耻思考。[59]

不过在一系列的变化中，似乎还有更多因素增强了羞耻在西方文化中的作用。到了16世纪和17世纪，体液医学受到更多关注，羞耻的身体表现因而激起了新的兴趣，并对包括脸红和身体暴露（尤其女性求医时在医生面前的暴露）带来的羞耻感产生了新的关注。在这样的背景下，欧洲人确信他们拥有许多优于美洲土著的品质，其中之一就是后者显然不会脸红，这肯定是毫无羞耻之心的表现，同时清楚地显示了他们的劣等本性。"连脸红都不会的人怎么信得过？"[60]

最引人注目的是，从中世纪晚期开始，西方世界各地的公开羞辱仪式都得到了发展。原因不是很清楚，但是基督教、骑士精神，甚至医学重点的提高可能都起到了一定作用。随着西方经济愈加商业化，社会也变得更加复杂，个人动机更加混杂，对羞辱的依赖程度变得更深，而且正如我们所见，许多时候都特别讨人厌的羞辱，似乎是维持社会凝聚力的关键？[61]

因此，随着西方社会步入现代早期，刚刚已经广泛探讨过的许多前现代社会的模式，特别是足枷与颈手枷、强迫骑驴和其他侮辱习俗，变得更加瞩目。体罚罪犯与羞辱游街相结合的风气也达到了顶点。

而且不止于此。至少从中世纪晚期开始，西方许多地方都有格外引人注目的喧闹庆祝（charivari）或者说吵闹音乐的习俗。集体狂欢在许多其他文化里都很常见，比如引人关注的新婚，但在西欧，这种习俗的目的显然是羞辱。通常会有一群年轻人（包括女性和男性）聚集在一些罪犯或罪犯家周围，大喊大叫，制造噪声，引起大家对预期的羞辱的广泛关注。有时候人群还有可能表演一场猎鹿秀，由人扮演的"猎犬"追逐罪犯。在苏格兰，吵闹音乐响起的时候，常常会给犯了过错的人戴上束缚装置或口钳，然后受害者在村里游街，引来锅碗瓢盆的招呼。该仪式将不断延续或重复进行，直到此人承诺改过自新。各种违反社会规范的行为都有可能引来一帮人：通奸或私生子；老夫少妻；女性丧夫后过早再婚，有的可能根本没有结婚，或没有结婚就发生关系；或男人殴打妻子。目的显然是利用吵闹而公开的羞辱来捍卫一系列的社会规范。这种做法根深蒂固，当局或教会都想阻止这一习俗，担心可能会有无辜的人成为错误的目标，但基本都被无视了，至少在农村是这样。最后，这种习俗输出到了北美，时不时在魁北克和新英格兰被用作惩罚，不过有趣的是，相比于狂欢功能，移植之后的惩戒功能并不突出。[62]

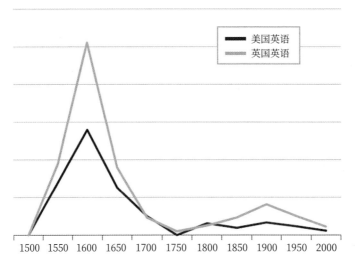

图表1 从1500年到2000年，"害羞"（shamefast）一词在美国英语和英国英语中的使用频率。资料来源：谷歌图书词频统计器（Google Books Ngram Viewer），同时参考了 *shamefast* in Angus Stevenson, ed., *Oxford Dictionary of English* (Oxford: Oxford University Press, 2010)。

　　因为羞耻受到的高度重视与宗教和社会服从的重要性，甚至产生了专门的词语，体现出羞耻的新影响和避免随之而来的情感骚动。"害羞的"一词虽然不是崭新的（首次出现在9世纪的英语），但从16世纪初开始的150年到200年里，在英国及其殖民地都迅速地流行起来。这个词可以表示因为违反行为准则而感到非常羞耻，但在多数时候，它指的是预先引导个人远离不良行为的情感约束。就此而言，用缺乏羞耻含义的更为现代的词语来说，这个词意味着起到情感约束作用的极度谦逊或羞怯，因此，参照时代较晚的19世纪，人可能表现出"甜蜜和极度羞怯的表情"。这个词的兴起对应的是现在与羞耻相关的惩罚特性和做法，它的流行达到了显著的高峰——直到18世纪前夕才急剧下降,这预示着不久将会出现新的、谨慎对待羞耻的方法。

西方对羞耻的应用不断演变,最后一个方面可能与改良的骑士做派和对体质医学的新兴趣有关,但也有其自身的发展动力,即文艺复兴时期出现的越来越微妙的礼仪意识。在这方面,得益于有关现代早期欧洲社会关系的一个重要学说,我们能够从另一个角度,深入理解西方文化如何试图在社会和家庭层面加强羞耻的作用。诺贝特·埃利亚斯(Norbert Elias)在几十年前勾勒了他所称的"文明的进程"(civilizing process),通过这一进程,西欧的精英以及其他社会群体逐渐接受了一套主要用来控制破坏性的情绪、暴力和身体放纵的更严格的礼仪。值得注意的是,他的概述不乏争议,尤其是一些学者指出,欧洲人其实在这之前就已经能够遵从繁复的礼节。对我们的目标来说,至少同样紧要的是,埃利亚斯令人想起了羞耻感,但他没有描述真实的情感状况——这种情感因而显得有点死气沉沉。即便如此,他的主张仍值得关注,他表明了羞耻可适用的目标范围,并正确地指出,耻感文化在引导这种情感的方式上发生了相当大的变化。[63]

因为埃利亚斯发现在西欧,尤其是到了17世纪和18世纪,羞耻的范围大大扩展。过去是日常的事情,如今发生在公共场合就会变得丢人:比如小便,伊拉斯谟(Erasmus)这样的权威极力主张"在他人面前解手会令人感到羞耻"。还有放屁,伊拉斯谟再次指出,为了避免羞耻,"人应该牺牲一下,把两边屁股紧紧贴在一起"。人们的羞耻感增强了:过去男性可以在仆人面前随便脱衣服,或者半裸着去户外厕所,现在他们对这样的放肆感到羞耻,变得遮遮掩掩。事实上,18世纪出现了专门的睡衣,既可以遮羞,又不会像日常服装那样累赘。埃利亚斯认为，到了这时候，体面家庭也通过羞耻感来给孩子灌输得体的规范，利用对这种情感的恐惧来培养他所说的"无意识的自我约束"（automatic self-restraint）。[64]

从中世纪晚期开始，西方对羞耻的表达发生了各种变化，显然不止说明了羞耻在前现代并非恒定不变这一点，尽管这种方法也应当适用于其他地区的情况。社会和个人日益依赖羞耻感，从出现与（也是封建国家的）日本惊人相似的荣誉感——比如15世纪英国亚瑟王编纂的书中所说，"羞耻地活着，不如光荣地死去"——到关注体面的自我控制，都有点儒家礼仪的意味。惩罚性羞耻的激增尤其耐人寻味，这意味着与其他一些以羞耻为基础的文化相比，西方的做法更为激烈。这可能是西方的创新者在18世纪中叶特别相信为了人类尊严，需要严肃反思羞耻感的原因之一？当然，1750年之后发展起来的对羞耻感截然不同的态度，与之前的浪潮形成了鲜明的对比，并引发了更大的变革。同样的对比也适用于北美，影响西方热衷于羞耻的重要因素从一开始就被移植到了那里。

北美殖民地

毫不奇怪的是，由于羞耻在现代早期英国的重要性与日俱增，其在英属北美殖民地的情感和社会生活中也发挥了巨大的作用。其中的经验可能并不特别——只是突出了已在许多农业社会发现的常见特征。这些经验在一定程度上起到了总结的作用。但是殖民地时期，羞耻的某些方面也有特别完善的记录，这有助于我们了解这种情绪在前现代社会的表现。需要加以强调的是，殖民地时期的环境是后来美国羞耻观念和习俗变化的背景。没有这个基线，我们就无从评估19世纪初的革新，或者这些革新形成的原因。

殖民地时期对羞耻感的依赖，及其可能带来的深深不幸，也使许多关于西方或美国是以罪感为基础的社会，与其他（可能是劣等的）基于耻感的地区不同的轻率说法变得更加复杂。罪感存在于殖民地时期的美国，但是通常与羞耻感紧密相连，而且往往至少是次要的，这在西方文化中更加普遍。

公开羞辱被广泛接受。至少在新英格兰，由于许多领导人试图把新大陆与旧世界的做法区分开来，公开羞辱有时会被刻意推崇以替代严酷的体罚。许多人都认为某些惩罚措施是"野蛮而不人道的"。[65]在一起案件中，通奸者由于身体"虚弱"而免于对其情人实施鞭刑，但她要受到公众的监督和羞辱。同样值得注意的是，表达忏悔——在公共法庭上表达和表现出羞耻——在实际中往往能带来减刑。在另一起案件里，马萨诸塞州斯普林菲尔德的一名女性获准"像女性一样"为公开侮辱他人道歉，但她也被要求戴上足枷，"像男性一样，因为她像男性一样骂脏话"。跟其他形式的惩罚相比，羞辱还可以富有想象力地根据违法行为量身定制：因此，在弗吉尼亚州，一个偷了一条裤子的人被勒令戴上几个小时足枷，而且头顶马裤。[66]

因此，我们所熟悉的公开羞辱机制肯定起到了作用。鞭刑是公开的。罪犯可能会被马车载着带到城里，或者戴枷示众，这一做法是直接从欧洲借鉴来的。窃贼可能会被打上B字烙印，或者被割掉一只耳朵。那些出言诅咒者，可能不得不在舌头上戴上半裂开的棒。另一个选择是穿上特殊的服装，尽管具有讽刺意味的是，没有确切的证据表明在马萨诸塞曾经要求使用红字A，但从1692年开始，这就是一个法律选项，而且在贵格会建立的宾夕法尼亚也采用了这种做法。在其他地方，通奸者可能得佩戴代表妓女的B字；一对通奸者可能要同时佩戴字母AD。纸质标识常被使用，犯罪者得在一段时间内都佩戴罪行的描述——这可能说明了殖民地的识字率高，公共羞辱的过程因而变得更加精确。其他羞辱对象包括玷污安息日，例如1650年，纽黑文的一名男子被罚戴足枷站立两小时，还挂着标牌，标明他是"公开斥骂上帝神圣法令的惯犯"，还有工作要价过高、发表煽动性言论、公开酗酒或通过骗婚引诱他人。更严重的罪行，如造假或制造赝品，就会处以体罚和烙刑，但在这方面，羞辱显然也是惩罚的一部分。其目标一如既往，既是给犯错者他（或她）自己的警告，也是给更广泛公众的信息，"使其他人感到害怕和羞愧，避免陷入同样的罪恶"。[67]

一些研究强调，正式的公开羞辱实际可能很少发生——远远低于后来流行的说法，诸如纳撒尼尔·霍桑（Nathaniel Hawthorne）的作品所显示的。但是这样的解释并不清晰：强制执行的频率低，反映的可能是基于羞耻的规训的有效性，在教会、家庭和公共场所都是如此。另一种可能是随着社区越发异质化，羞辱现象也减少了，使人不得不更加依赖其他形式的规训。然而，人们普遍认为，在很多情况下，犯罪率和社区违法率出奇地低。城镇和村庄或许只能对特别反叛或者顽固的违法者进行正式的公开羞辱，因而必须下狠手。高度团结的社区可能不需要频繁地经历强烈的羞辱来维系情感认同。[68]

但是频率不高并不意味着公开羞辱的观念受到抵制。殖民地法庭经常规定，各种各样的惩罚，包括单纯的示众，都必须在集市日或公众集会上进行，"让人看到他（罪犯）"。[69]就像其他情况一样，两种惩罚都经历过的人往往觉得羞耻比身体疼痛更难忍受。因此，马萨诸塞有人指出，鞭笞不过是"毛毛雨"，重要的是随之而来的羞耻。根据这一说法，鞭笞是惩罚，而羞耻是教育，因为犯错的人希望重新融入社区。同样常见的是，体罚可能出自法院规定，但是只要他承认过错和接受一定的公开羞辱，体罚就会终止，以展现社区的宽恕。[70]

羞耻感在宗教生活中起着至关重要的作用，社区强制的会众告诫可能比正式的法律强制措施更重要，尤其是在新英格兰。因此，坦珀伦斯·鲍德温（Temperance Baldwin）"被召唤到公开的教堂集会中……因其罪过而受到严肃告诫，这些罪过的各种细节都当着她的面抖出来"。正确的反应是羞愧地忏悔，"面露羞耻"，然后道歉，通常是以最卑微的方式，长篇大论地讲述个人的罪恶。"怀着完全顺从的敬意，匍匐在您仁慈的脚下……您可怜的请愿人……谦卑地希望得到上帝的公正……他使他的罪因为羞耻而变得明显。"传达情感是关键，单凭言语效果有限。如果整个流程落空，这个坏人可能会被逐出教会，被宣布为"麻风病人和不洁者"，与上帝和社区隔绝，这对大多数人来说确实是可怕的惩罚。许多殖民地时期的新教徒容易感到羞耻，被抛弃的恐惧很容易就能引起他们的反应。[71]

毫不奇怪的是，在这样的环境里，隐私既不常见，也不受当局重视。殖民地当局强调上帝和他的天使以及人类邻里的"警觉性"。逃避是没有用的，因为最后的审判日将是一次放大的羞耻体验："我们每个人都要赤身裸体地站在基督的审判台前……所有的，甚至是最隐秘的罪都要公之于众。"即使在尘世，上帝也可能"把罪名写在人的额头上"，让周围的人都能看到。[72]

殖民地时期的羞辱并不反对重新融入，尤其是在宗教当局介入的时候，这一点很重要。1689年，一对情侣的婚前性行为遭到公正的指控, 他们的"言语和眼泪中透露出深深的悔恨", 并被重新接纳到他们的教堂会众之中。在不久之后马里兰一起类似的案件中, 一对情侣 (后来结为夫妇) 表现得"悔恨万分": 女方完全免于惩罚, 男方则被禁止进入县法院长达一年零一天, 这实质上等于被剥夺公民身份。大量记录在案的案件表明, 公开羞辱和忏悔并不妨碍后来为社区服务, 甚至包括担任民选公职。[73]

　　尽管证据很少揭示参与这一制度者的内心情感状态, 这些资料至少有所启示, 包括那些看起来像是发自真心的公开表演。承认软弱谦卑的做法极为普遍, 即使在私人日记里也不少见。例如, 托马斯·谢泼德 (Thomas Shepard) 在自传中感谢上帝帮助他"在某种程度上厌恶自己", 而且否定"毁灭和蒙蔽我"的自我意识。另一个例子是艾萨克·彭宁顿 (Isaac Pennington), 他明确表达了"我的虚无, 我的空虚, 我的软弱", 表示自己需要感到崩溃才能追随上帝。羞耻建立在这种理想的忧郁感之上, 但同样地, 这种羞耻即使对被羞辱者来说, 似乎也是恰当的、可接受的。常见的比喻也强调了放低姿态的重要性: "主啊, 我躺在羞耻中, 理应被抛弃。"[74] 换句话说, 姿态切合且表现了这种预期的情感。

　　殖民地的荣誉感同样跟羞耻感混到了一起, 尽管它可能在很大程度上鼓舞了形形色色的个体, 也可能反映出一种不太符合清教的新教教义。捍卫荣誉的决斗司空见惯, 即便在北方也是如此。直到1784年, 这一习俗才在马萨诸塞州被禁止, 但这种做法在南方继续盛行了几十年, 即便被依法取缔, 依然得到民众的广泛支持。在殖民地时期, 较为温和但可能更为典型的做法是互相侮辱和起诉对方诽谤诋毁。典型的诉讼涉及两对夫妇, 一方抗议对方声称自己妻子是一个卑鄙撒谎的女人，认为这对丈夫、妻子和"我的后代"，都是一道"深深的伤口"和一次诋毁，这是一种通常聚焦于个人和家庭荣誉观念的典型的情感表达。在法庭上，诽谤罪名通常比人身攻击罪名的罚款更高。因为暴力顶多杀死一个人，但是玷污好的名声会令人在生前死后都被"糟蹋"。[75]

如果说紧密而规模通常较小的社区是表达和强制推行羞耻的框架，那么最初孕育了这种情感的地方则是殖民地家庭。在过去的几十年里，许多家庭史学者提供了大量证据。当然，每个家庭的环境、个性和宗教细节各不相同。约翰·迪莫斯（John Demos）主要关注清教徒家庭。菲利普·格雷文（Philip Greven）发现福音派家庭在许多方面都承袭了早期的清教徒，是最常见的羞耻熔炉，更加温和或"有教养的"家庭则较少涉及。[76]

表面上的多样性固然重要，但在儿童管教中广泛使用羞辱的证据也很突出。用一位清教徒牧师的话来说，孩子不该认为他们有自我意志，而应该意识到他们须完全听从父母的管教。同样的道理，不听话的孩子应该在情感上被抛弃，除非足够自谦，不然不能重新获得关爱。这些都是情感强烈的家庭，当孩子表现好的时候，他们会给予父母的爱，尤其是母爱——但如果孩子表现出"自身有任何"伤人、野蛮或骄傲的一面，他们情愿收回这份爱。因此，科顿·马瑟（Cotton Mather）这样跟不听话的儿子说，他"被明确禁止进入我的视线一段时间"——这个男孩长大成人之后，余生都会记得这种羞耻的感觉。马瑟跟许多清教徒父母和整个社会一样，喜欢使用情感手段多于体罚。结果，就像马瑟家族一样，即便自己的所作所为无人知晓，很多人依然一辈子都感到羞耻，或者成年之后想起青少年时期的小过错，比如偶尔酗酒，都会产生强烈的羞耻感。最后，值得注意的是，即使不考虑刻意的情绪管理，大多数殖民地时期的母亲都会精心地给婴儿哺乳一年左右，但是接着往往为了准备下一次怀孕而突然断奶。这样的疏远是否强化了羞耻感的准备，值得再三推敲。[77]

关系紧密的社区和刻意的儿童情感管理，构成了前现代历史所记载的一种典型的羞耻文化，并通过种种与宗教和法律相关的公共习俗得到体现和强化。此处需要加上两点注解。关于格雷文，我们根本无从获知有多大比例的家庭使用最激烈的羞辱手段——一些不同的做法显然存在，甚至可以作为日后变革的组成部分。更重要的是，考虑到当前对定义的争论，羞耻感与罪感确实难以区分。许多殖民地居民自己可能两种情感都体验过，包括上帝眼中的罪感和社群里的耻感。个人明显发展出了内在的羞辱机制，就此而言，罪感与耻感如何平衡可能意义不大，因为这并不取决于社群的监视——换句话说，这涉及部分当代社会心理学家试图确定的相同的复杂性。但殖民地人民大多偏好使用"羞耻"一词，而非罪感。末日审判的图景包含了上帝面前的羞辱，也是这一偏好的注脚。殖民地的社区结构，加上父母愿意提供但也愿意拒绝给予关爱所形成的心理准备，几乎可以肯定平衡会向羞耻倾斜。

美洲殖民地的经验因而成为种种证据之中的又一个有力的案例，证明大多数（如果不是几乎所有）前现代农业社会都依赖于某种形式的羞耻。不止一代的殖民地历史学家对情感史充满兴趣，由此产生了特别丰富的史料，鉴于探讨诸如过去的羞耻这样的经验很难，这一点尤其令人欣慰。当然，这样可能会令殖民地时期美国社会的羞耻更加引人注目,人们并不觉得美国模式有什么特别之处。很多做法和假设都跟其他前现代社会一样,其实直接来源于欧洲和大西洋对岸不断变化的处理羞耻的方式。这自然包含了"害羞的"一词中所暗示的,耐人寻味地共用过但又都放弃了的预期方式。

尽管变化纷纭,羞耻在现代前夕许多社会的情感武器库中占据了重要的地位。它的有效性和实用性得到广泛接受,并被运用于各种环境和实践中。这种情绪造成了或许程度不一的痛苦,一些人认识到,羞耻感也可以缓和社会关系或者改变违反规范引起的反应。痛苦和社会认可也深化了常见的印象,即对羞耻感的预期有力地影响了情感和社会生活,从而减少了对羞辱感的需求,尽管从未完全消除这种需求。

第三章
现代性的冲击：一些可能性

　　羞耻在前现代社会中无处不在，其社会用途在不同的地区文化中都能够适用并随时间而发生变化，这就提出了另一个重要的问题：随着更多现代条件和制度的出现，羞耻感会怎样发展？

　　现代性的影响是情感史一个备受争议的话题。许多学者，尤其是专注于前现代时期的学者，倾向于认为情感是人类固有状况的一部分，仅仅因为工业化和城市化等发展就期待它会发生巨大变化是错误的。[1]有种观点认为，长期发挥作用的各种情感共同体具有比现代性本身更重要的组织原则。此外，一些情感与现代状况的联系极为明显，不仅可以准确区分，而且很有意义。例如，必须重新定义消费社会的嫉妒；当出生率下降，现代人口结构面临转型的时候，父母可能以不同的方式加强对单个小孩的爱护；怀旧可能会有新的含义。[2]

　　现代性理论已经被直接用于羞耻研究，尽管大多不是由历史学家提出的。本章简要地探讨这些主要论点，但也指出了它们的局限性，尤其面对来自当代东亚的证据时。现代性框架依然存在，但不完整，正如下一章所指出的，需要更多的文化刺激才能更加系统地重新定义羞耻，即便如此，仍有一些重要的东西延续了下来。羞耻和现代性的关系是真实的，至少也是复杂的。毫不意外的是，由于羞耻深深根植于前现代历史，发挥了许多社会功能，彻底重估这种情感需要异乎寻常的刺激。

2007年发表的一项研究对比了一个印度尼西亚渔村与南加州对羞耻感的使用，可以预见的是，羞耻感对前者来说非常重要，它提高了村民的文明程度，使其更顺从，但在加州这个庞大的都会区，人口流动频繁，人们大都倾向于淡化羞耻感，偏好更随意的社会关系，也更愿意承担风险。研究报告最后指出，由于印度尼西亚村庄的环境无疑正随着经济的全球化而消失，那么"可能在小规模人类群体合作的演变中发挥核心作用"的羞耻感的基础也在走向尽头。"在当今全球化和高度竞争的市场中，依靠羞耻来充当社会调节机制有其固有的成本"，将服从和文明礼仪置于现代社会所需的价值观之上，同样如此："羞耻的时代可能过去了。"[3]

抛开文明的美德不谈，为什么现代性会正如许多社会科学家所假设的那样削弱羞耻感？至少有三个因素值得关注，当然，这些因素可能是共同发挥作用的。

论点1：羞耻感随着城市化而减弱，因为羞耻感赖以生存的具有凝聚力的社区开始消失在这个更加匿名的现代环境里。毫无疑问，城市环境让这种情感变得复杂，而且可能让蒙羞的个人更容易（至少直到最近）拎包走人，而不是受社区的支配。但是即便在乡村地区，人口流动也比我们通常认识到的要频繁得多。问题在于城市社会可以轻易形成新的共同体，从邻里、专业团体到其他协会，事实上，我们发现这也发生在19世纪的美国，当然还有高度城市化的东亚社会，这有助于解释为什么即使面临新的挑战，羞耻感依然存在。[4]

论点2：商业社会越来越无法维持传统的荣誉观念。追求万能的金钱优先于往往代价高昂的荣誉准则及随之而来的羞辱：崇高的理想和自我利益的算计无法长期共存。长远来看，这一论点有一定道理——甚至在日本都是这样，就像我在本章后面所说的。的确，早在18世纪，评论家就提到了"爱财"或"贪得无厌"日益盛行，指出利益的缩小与"对荣誉的兴趣"并不相容，在英国尤其如此。[5]不过，这样的说法也有问题。即使在商业风气如此粗俗的19世纪美国，对荣誉的关注也不会马上屈从于商业动机——在有些地方（如法国和日本），所谓的第一个工业重商主义世纪刺激了一些团体，使其加倍重视荣誉，而不是放松控制。[6]在美国的主要地区，特别是南部和西部，人们仍然坚定地信奉荣誉，并利用羞耻来实行情感强制。此外，正如我们所看到的，在大多数地方，荣誉文化只是传统的羞耻背景的一部分，所以即使荣誉真的衰落了，羞耻仍会继续发挥作用。

论点3：现代社会建立了足以替代羞辱的制度，而且事实上人们可能坚持其优越性。最明显的是现代社会跟19世纪的西方国家一样，建立或扩大了正式的治安，并建立了新的惩治罪犯的机构。这是公开羞辱仪式在世界范围内基本销声匿迹的根本原因——西方是到19世纪末，其他地方则是20世纪后期，其中甚至包括那些本来极为依赖羞耻感的社会。如果可以通过其他手段进行规训，就得重新审视这种情感。

总体而言，城市化、荣誉感的最终衰落以及社会规训的新方式，无疑提出了每个现代社会都不得不努力应对的羞耻难题。单凭世界性的范例，就有可能增加变革的压力，一旦西方开始重新审视羞耻，并将一些传统习俗视为野蛮，其他社会可能就会觉得有必要进行创新以做出回应。价值体系的更大转变也会进一步促进变革——比如女性权利的新观念，就跟女性要更知廉耻一点的传统观念相悖。现代环境在20世纪变得越来越普遍，对羞耻的各个方面都要重新评估。

不过，重估不一定得彻底。许多社会反对过分注重创新的现代性，认为合理的做法是在家庭和社区环境里保持对羞耻感的高度依赖，同时在其他方面成功实现"现代化"——包括大规模的城市化。

以日本为首的东亚就是一个典型的例子，任何有关羞耻感和现代性的简单概括都变得没那么容易。毕竟，这里的社会已经将羞耻转化为复杂的设定，比印度尼西亚的渔村还要复杂，并将这种情感与更大的儒家文化体系联系起来。根据许多当代比较，那里的社会仍然非常依赖羞耻感，跟西方社会完全不同。

关键在于文化，以及维持和调整古老情感传统的相关能力。在东亚社会中，日本最清楚地讨论过更彻底地接受西式价值体系的可能性，但最终予以拒绝。在19世纪70年代明治初年的学校改革热潮中，国家引进了不少学校官员，尤其是来自美国的官员，大量照搬西方的教师培训标准。但是由于种种因素，结果并不完全令人满意，有人批评，应该避免极端个人主义的危害。1881年，新的小学教师备忘录极力提倡集体价值观的重要性，这当然包括忠于国家和天皇，但也包括"忠于朋友"。在以适当的个性培养为新重点的体系里，忠诚和服从被树立为核心美德。在此过程中,羞耻没有得到公开的讨论,但事实证明它符合其中强调的价值观,所以毫无疑问地在学校乃至其他地方发挥了主导作用。[7]

当然,只是简短地讨论羞耻感在东亚继续发挥作用,将此作为引入比现代性自身更加复杂的比较背景的一部分,这是有风险的。这一评估主要基于最近的观察,而非具有连续性和适应性的周详历史——尽管可以额外引入一些历史因素。它可能简单化和模式化东亚地区,而这些地区在许多方面都是不同的,就像当前的政治制度一样。它忽略了许多当今的羞耻反应研究都会注重的个性变量。它可能落入早前"耻感"文化讨论的一些陷阱,尽管可以避免一些最粗暴的误解,其中首要的就是认为羞耻与严格的内在标准意识存在一定程度的冲突。

但是各种令人信服的证据表明,羞耻的运用方法确实很独特。它始于育儿阶段。现代日本、中国和韩国的研究表明,母亲对孩子的不良行为的反应往往是公开地收回母爱。中国台湾的一位母亲说:"我们不要你了。你站到那边去。反正我们也不喜欢你。"对日本母亲的调查显示:她们很少打孩子的屁股,并对美国家长的行为感到震惊,但是她们看到孩子不守纪律时,会从孩子身边走开,假装孩子不在那里。父母公开利用羞耻感:一个三岁的中国孩子向邻居讨要糖果吃,她母亲的回应是大喊"羞羞羞",同时刮孩子的脸。毫不奇怪的是,东亚儿童比美国或英国儿童更早学会羞耻一词及其概念(大约两岁半)。[8]此外,与美国父母相比,东亚父母对"学龄前儿童如果不守社会规则就该感到羞耻"这样的论点,反应要积极得多(在一项调查中,芝加哥几乎没有父母同意这一点,中国台湾则有43%的人接受这一观念）。[9]

羞耻感依然存在于学校和成人生活之中。中国人都有羞耻感和罪感意识并对其加以应用，但是他们更加看重羞耻感，因为羞耻感能够指导现实情况和人际关系，并且在必须做出重要决定的社会环境中起引导作用，而不是关注更为抽象的标准。许多东亚人对羞耻感持正面看法，认为它可以鼓励自我检视和自我改进，而不像许多西方人那样冷淡。[10]他们还坚定地把羞耻感和家庭行为，而不仅仅是个人行为，联系在一起。家庭成员的不当行为、残疾或者过去的家庭贫困，都可能引起强烈的羞耻感，这更多导致的是逃避而不是任何公开羞辱的尝试。与此同时，尽管羞耻会给那些身处其中的人带来痛苦，但是总体较低的情感强度可以缓解这样的痛苦；而且就像早期基于羞耻感的环境一样，这种情感也会因为大量的戏弄和幽默而得到缓解。[11]

一些观察者发现了其他异乎寻常的特征。由于童年的羞耻经历，许多东亚人后来感到羞耻的时候能够把这种情感控制在一定范围之内。人应该能够处理羞耻，尽管那肯定会加深自卑和渺小的感觉。许多羞辱的情况小心翼翼地保留着重新融入的可能性。道歉或类似的行为（韩国人可能不愿直接道歉）可以有效地回应羞耻。其他仪式也可能起到作用。一个举止不当的中国学生受到明显羞辱之后，需要在当天的大部分时间里穿着一件破旧的毛衣；但到了下午三点左右，他可以在毛衣外面套一件衬衫，到晚上就能完全脱下来。想必只要令人受到教训，羞辱就结束了。毫不意外的是，重新融入并不容易，因为记忆是长久的。[12]在韩国，蒙羞者之后可能会被告知，"你犯了过错——就别说话"。但是这种情感经验的目的不是破坏；羞耻和完全失去自尊或气馁是有区别的。虽然说即使在东亚的环境里，羞耻也可能激起反抗，但西方报道的那种系统且常常具有破坏性的愤恨好像基本没有。同样地，敏锐地觉察到羞耻和他人的想法也很重要。[13]

在此整体框架之内，重大的变化可能已然发生，尽管吸引人的是基调更为清晰的历史。标准已经改变了。离婚在韩国曾是羞耻的来源，如今在年轻一代中却不会引起特别的反应。过去的仪式已经松动。日本学校一贯强迫行为不当的孩子"站在走廊"里，这样的羞辱习俗在20世纪70年代基本废弃了，取而代之的是没有那么正式的方法。日本长期存在的武士荣誉感得到了彻底的审视。武士荣誉感在改革时代和20世纪初都很抢眼：甚至比欧洲还要抢眼，更为广泛的改变使荣誉准则变得更加强烈，基于荣誉的自杀率实际上显著上升了。但是这种文化随着二战的失败而灰飞烟灭，不再是日本式羞耻的一部分。更明显的是，东亚的羞耻越来越明显地指向成就，例如学校成绩。一项研究认为，这跟印度继续运用的羞耻截然不同。[14]总体而言，强调情感大体延续不变的同时也要注意到一些重要的改变，在这些方面，现代性理论虽然经过适当的修改，但是仍有其价值。

但羞耻的确很重要。那位公开承认行为不端、泪流满面的商人正是一种独特的情感文化的产物。日本或韩国的选民用羞耻感来评价政治行为，同时使用这一独特的标准。这种情感也很容易用于新的用途，就像中国香港用羞耻心来制止公共场合乱扔垃圾的运动一样。避免羞耻的努力仍对公共行为有着明显的影响——在有些时候，这能促使人服从，但也鼓励其他挽回颜面的方法。而且，在引起个人绝望的情况下，羞耻感可能导致自杀率上升，这按国际标准来说仍然相当高。

总体而言，最近的观察者大多抱着同情心探究了东亚社会的这一面，得出的结论是尽管在极端情况下会出问题，但是经过调整的羞辱整体上效果良好。现在已不再是西方人猛烈抨击亚洲文化道德标准低下或者倡导古怪行为的时代。最近的评价认为东亚社会的羞耻感肯定促进了服从，阻止了某些冒险行为，并鼓励人把羞怯视为正面品质，这可能令西方人感到困惑。但与此同时，羞耻心直接维持了良好的秩序，在一些情况下，犯罪率出奇地低。羞耻似乎已经成功地跟经济和政治的迅猛发展结合起来，其中当然也包括大规模的城市化。

尽管部分地区的羞耻文化传统成功地适应了现代环境的要求，羞耻和现代性的任何评估都还要注意到最后一个比较难题。一些社会为了应对现代性，形成了新的羞耻环境，其中某些方面建立在传统之上，但在另一些方面显然是创新的——没有放松对羞耻的控制。

这样的模式在共产主义社会最为明显，包括苏俄和后来的中国。共产主义政策侧重于集体主义，这虽然谈不上是传统的，却使羞耻成了不同于西方个人主义的合理工具。对这种主义真实或想象的需求加强了这一结合。苏联领导人善于利用公开羞辱来规训党内官员，使其更加顺从。一位改革者写到他在学校受辱的经历，一次旷课之后，他不得不在全班面前痛苦地承认自己的错误。[15]

随着时间的推移，加上全球交流的逐渐扩大，"现代性"可能侵蚀了越来越多地方的羞耻。况且，在亚洲或者其他已经开始的现代化进程中，对羞耻感的应用和改变仍然非常值得进一步研究。不过直到今天，根据现有的证据，在概括这种特殊情感类别受到的现代性影响时，仍然不能掉以轻心。事实证明，羞耻在前现代社会中具有适应性，而且即便发生更大的结构变动，这种能力都不会变。

但从18世纪末开始，现代西方开始更加系统地重估羞耻，就像第四章所具体描述的那样。其中现代性发挥了一定作用，但是主要原因仍需在更加具体的文化转变中去找。新的西方方法本身产生了全球性的影响，但是主要的问题显然是牵涉其中的独特创新——正如我们所看到的，西方社会过去并没有特别厌恶羞耻感。

结果不是，或者至少不一定是一条非常成功的西方路径；与众不同既有好处，又有代价。比较研究的学者，比如上文提到的印尼渔村的研究者，可能会认为耻感社会给人更大的压力，使其服从，并过分打压冒险和创新，但是所谓的有所不同的西方方法的局限性同样应该引起关注。

中心论点有两个：首先，梳理1800年以来西方对羞耻的评论，找出几个跟现代世界其他地区的反应明显不同的关键因素，在后者那里，羞耻感还没有受到如此全面的抨击。无论是好是坏，新的西方标准都已形成。

不过还有第二点：西方反羞耻的努力从来没有取得如支持者所盼望的那样完全的成功，这在最近的几十年表现尤为明显，因为羞耻出乎许多人意料地重获新生了。它的力量和功用在现代东亚极为明显，而在西方经验里也仍继续发挥作用，尽管批评之声不绝于耳。

西方的特殊路径值得加以阐述，但事实可能证明，在全球背景下，现代西方对待羞耻的方法并不如许多情感革新者一直盼望的那样分明。在概述了西方的成果之后，以下是我们必须回应的复杂性。

第四章
重思现代社会的羞耻：19世纪和20世纪

当纳撒尼尔·霍桑在1850年出版《红字》的时候，他参与了美国重估羞耻的一次重要运动，因为他显然强调了殖民地时期使用公开佩戴字母的方式来维持羞耻的做法，而这种做法基本已经被抛弃了。这本小说很可能也推动了重估的进程，因为它迅速广受欢迎。这本小说讲述一个名叫赫斯特·普林（Hester Prynne）的女人，她犯了通奸罪，生下一个私生子，尽管这是因为她误以为丈夫已经死了。她受到公开羞辱（站在脚手架上示众三个小时，还得戴着红字），却坚决拒绝透露情人的名字，那是一位牧师，因为害怕社区的反应而长期拒绝公开身份。一方面，这本小说可能就像霍桑本人一样，在羞耻和可能引起羞耻的不当行为的问题上非常矛盾（当时社会虽然重估羞耻，但对通奸行为仍抱有很大敌意）。另一方面，羞辱似乎可以获得平反。赫斯特逐渐在社区恢复了体面的地位。赫斯特的情人则深受折磨，可能在自己身上秘密打上了字母A的标记，最终在健康状况每况愈下的时候，公开承认了自己的罪行和羞耻。赫斯特本人要复杂得多。她似乎在忏悔，过着平静的生活，自愿继续佩戴她的标记。但是她的内心却在反抗：她不认同社会的价值观，认为自己的婚外情"本身就是献祭"，她甚至把红字绣在衣服上。这不是接受羞辱，但也不是公然反抗。

那么当时的读者怎么看待这本小说呢？细心的读者会认同主人公，同时很可能觉得羞辱太过分了，有违适当的个人自主性。有趣的是，一些新英格兰社区抗议这本书，认为这样的殖民地历史书写是对他们的侮辱——这是对重估公开羞辱的另一种隐性投票。但同样地，这本书没有完全抛弃羞耻，它也可以被解读为这种情感能很好地服务于社会，而且允许人重新融入社会（当羞耻感似乎被接受时是这样，遭到抵制时却不同，就像那位情人的情况一样）。不管作者愿不愿意，这部小说都恰如其分地暗示着这个国家羞耻史上一个有趣的时刻。[1]

本章论述的是羞耻感和羞辱在美国不可否认的减弱，作为同期西方重思羞耻感的一项案例研究。这一减弱大约开始于19世纪二三十年代，尽管在那之前已有铺垫。从这时起的重新考量解释了为什么今天有那么多人，包括社会科学专家，往往认为羞耻感正在衰退，甚至可能是当代社会的一种"禁忌"情绪。显然，需要对变化过程进行更全面的描述，鉴于对现代性的任何引用都具有复杂性，还需要对其中的因果关系进行仔细评估。毫无疑问，从18世纪末开始，对羞耻的定义发生了重大变化，改变了人们对羞耻与羞辱的接受程度，与之前的标准和经验拉开了越来越大的差距。

与此同时，羞耻感的衰落是复杂的，并非一蹴而就。这种情感不仅没有消失，而且常常因为社会和个人的需要而复兴。本章的第二部分追溯了美国的羞耻，将其视为延续到20世纪的正在变得越来越次要的长期主题。最后，必须将美国模式置于更大的西方趋势之中，通过整体的比较显示其中的共同因素。

本章内容涵盖从19世纪初到20世纪中叶之后的时间段。这不完全是我们熟悉的分期方式，但是情感史的特殊角度似乎需要如此划分。从开始重思羞耻感到20世纪70年代，美国的羞耻感表现出清晰而又复杂的轨迹。其开始的时间可能不会令人意外：这是一个由早期城市化和工业化所定义的时代，也是由启蒙运动和新共和国成立所定义的时代。就羞耻而言，此时开始形成的模式延续了好几十年，这或许并不出人意料：历经世界大战、大萧条、新政和其他我们熟悉的标志性事件。但在令人印象深刻地延续了如此漫长的一段时间之后，这一时期的结束在许多方面都令人震惊。令人震惊的是，正是在我们通常以为无关紧要的20世纪70年代，这一模式再次开始发生变化。先前轨迹中的一些要素仍将继续存在，甚至重获新生，但总体而言，羞耻又流行起来，这就需要另一个分析框架，而且肯定对解释工作提出了重大挑战，这就是下一章的主题。

打击羞耻和羞辱：美国的经验

衰落的迹象

研究美国羞耻最为详尽的历史学家约翰·迪莫斯强调，他认为19世纪中期经历了从耻感到罪感的转变——恰好就是霍桑苦于如何在小说中描绘这种情感的时候。迪莫斯不认为这种转变来得突然，乃至彻底，但他认为维护社会纪律和个人美德的主导情感正在逐渐发生变化。尽管迪莫斯的概述十分粗略，他更乐意具体描述殖民地时期的背景, 而不是现代的更替, 但他的判断很有道理。羞耻感确实开始失去社会的尊重, 而且在本世纪中叶之前就开始涌现出各种各样的症候。[2]

这种重要情感变化的主要迹象有三: 提及羞耻的总体情况; 对社会罪犯待遇的所谓重大改革, 特别是以监狱系统兴起为中心的改革, 但也包括个人和社区利用羞耻感的新规定; 最后是美国的育儿革命, 至少在原则上是这样, 因为意见领袖悄然摒弃了羞辱, 转而采用更加积极的惩戒方法。

"羞耻"一词的使用 谷歌图书的美国书籍出版数据和《纽约时报》索引都显示, 从19世纪四五十年代开始, 跟其他词语相比, 羞耻一词的使用频率正在显著而相当稳步地减少——这印证了迪莫斯的说法, 19世纪中叶或者稍早一些, 正在发生一场真正的转变(图表2和3)。[3]

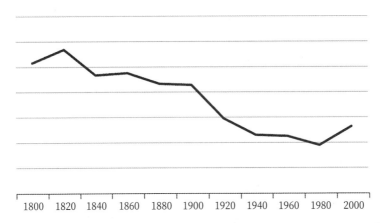

图表2　从19世纪到1980年, "羞耻"(shame)一词在美国英语中的出现频率。资料来源: 谷歌图书词频统计器。

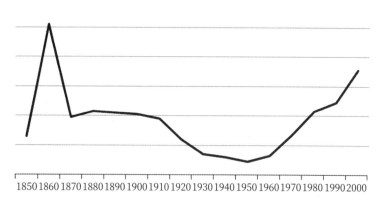

图表3　从19世纪到1960年，"羞耻"一词在美国英语中的出现频率。资料来源："《纽约时报》纪事"（*New York Times* Chronicle）数据库。

　　可以肯定的是，词语使用模式的结果无法评估。词语用得少不是因为它们失去了吸引力，而是因为简单假设了它们具有相关性。所以原则上羞耻可能始终非常重要，只是不再处于引发争论的境地。而且毫不意外的是，我们看到至少在几十年里，羞耻的假设的确仍然存在于许多环境里，尽管并不需要详细的解释。在这种情况下，我们也没有一个18世纪的基准可以用来衡量19世纪和20世纪初趋势的变化程度。

　　尽管如此，图表显示的模式至少很有可能是真的，还会得到惩罚和育儿方面的证据支持。有关羞耻的争论可能在19世纪初期到中期有所增加，这反映了疑虑和分歧——就像《红字》里的一样。事实上，"惩罚"一词的相对频率趋势与此密切相关。但后来更为广泛的共识是"羞耻"应该被取代或逐渐减少，这就限制了使用该词的频率，从而形成了持续几乎整整一个世纪的新趋势。与此同时，正如

第二章所说，"害羞"这个老词在美国和英国虽然还有人用，但也几乎消失了，这表明通过描述个人品质来抵制可耻行为的需求明显减少了。

以迪莫斯为首的少数关注美国现代羞耻问题的历史学家，还在刑事司法和父母标准的重大转变之外，加入进一步的说明。因此，废奴主义者虽然有能力将羞耻的矛头指向奴隶主，如威廉·劳埃德·加里森（William Lloyd Garrison）就在一篇文章里疾呼"**羞耻！羞耻！羞耻！**"但就总体而言，他们更加依赖于指控"有罪"的主张——这一趋势有助于解释为何即便在道德主义改革运动期间，词频仍然发生变化。与18世纪的前人相比，19世纪的福音派运动更多地将内疚作为皈依的情感基础：为基督的苦难而内疚，为努力奉献于信徒生活的传教士和家庭成员而内疚。[4]

如果本身笼统的相关词汇频率是我们证明羞耻感确实在减少的唯一证据，我们又会遇到麻烦，数据表明我们还要回应另一个问题。如果"羞耻"一词和羞耻观念的接受度如我们所见的那样开始明显下降，那么对于那些仍然遭遇或利用这种情绪的人来说，结果会是什么？有些社会科学家谈论现代美国的羞耻禁忌，这说得有点过头了——因为羞耻一词从未消失，其应用自然也没有——但在实际情感互动（羞耻可能一直存在或在少数情况下甚至有所发展）与表述结果所需的词汇之间，的确可能已经出现鸿沟，甚至在19世纪晚期就已出现。当我们稍后回到羞耻衰落的复杂性时，需要更加聚焦于这个问题。几乎可以肯定的是，"羞耻"一词使用频率的下降比这一体验的减少来得更加明显。

惩罚改革　刑法改革在18世纪末的西方世界是一个热门话题。

主要的关注点是肉体伤害，包括酷刑和滥用死刑，以及许多公开执行的传统体罚手段。最著名的理论家切萨雷·贝卡里亚（Cesare Beccaria）根本没有直接讨论羞耻问题。羞辱在某种程度上只是附加于更广泛的检视。

但是羞辱本身也招来了新的批评。美国的开国元勋之一本杰明·拉什（Benjamin Rush）在1787年如此说道："羞辱被普遍认为是比死亡更可怕的惩罚……如果它被当成了比死刑更加轻微的惩罚，那才奇怪，难道我们不知道人类思想在任何问题上都很少抵达真理，除非它先到达错误的极点吗？"拉什甚至鼓吹体罚比羞辱更可取，尽管是私下执行的体罚："所有公开的惩罚都会使坏人更加堕落。"[5]

英国的知识分子和刑罚学家就羞辱问题展开了热烈的探讨。一些人支持利用羞辱，尤其是在可以将其内化的情况下。这是大卫·休谟的立场。但更多的人反对，原因有几个：羞辱导致罪犯过快回到社会，这是残忍的，而且会产生反作用。杰里米·边沁（Jeremy Bentham）认为羞辱只有负面的利用价值。[6]

辩论贯穿整个19世纪，天平逐渐朝着改革者倾斜。1867年《纽约时报》的一篇社论抨击特拉华州顽固地拒绝废除羞辱和公开鞭刑（该州直到20世纪才屈服，也是最后一个那样做的州）。"如果［罪犯］的内心曾经有过自尊的火花，那么这样的示众羞辱就会使其彻底熄灭。如果没有人类心中永恒的希望，没有改过自新成为良好公民的愿望，没有这些可以成真的意识，任何罪犯都不可能回到正道上来……［罪犯的］自尊一旦受到摧毁，令其公开出丑的嘲弄和讥笑［就像］烙在额上一样，他感到自己迷失了，被他的伙伴抛弃了。"[7] 显然，大家正在进行一次彻底的重思，并逐渐达成共识，认为羞辱是野蛮过去的一部分，而且显然没用，甚至适得其反——许多研究刑罚学的当代社会心理学家一直积极地拥护这种观点。

这场摒弃惩罚性羞辱的运动拥有各种各样的论据。有时候对犯罪率上升的担忧可能会跟对社群反应合理性的日益怀疑结合在一起。将罪犯转移到别处，让他们有时间反思自己所犯的错误，而不是迅速回到堕落的社会，这样会好得多。[8]有些辩论直接表达了新的担忧，羞辱流程（无论是否带有体罚）可能太短，效果有限：特别是当犯罪率上升似乎成为一个问题时，选择更长时间的惩罚，但在监狱里隐秘进行，可能看起来很有吸引力。[9]

但是不法之徒获得的更加积极的评价也可能起到作用。即便身为罪犯，人也有合法的尊严诉求，剥夺这一点的惩罚既不公平，也会适得其反。正因如此，鞭刑等羞辱做法现在可能被视为"野蛮"——这就是1804年马萨诸塞州立法机关提出废除公开戴枷时的用词。同样的意识甚至影响了1837年一次羞辱引起的反应：一位海军军官惩戒醉酒的水手，让他们当着同伴的面在脖子上挂上黑瓶。军官的做法很快被称为"可耻和残忍的"，他还被送上了军事法庭。[10]可在改革时期也有其他短暂的异常做法，有些监狱的罪犯会因为违反纪律而受到羞辱，被迫站在监狱院子里的同伴面前，手持标语牌或头戴傻瓜帽（dunce cap）。[11]

一边是犯罪增多引起的担忧，尤其是财产犯罪，另一边是人类尊严的新理念，中间则是逐渐众所周知的人口日益多样化。马萨诸塞州等地的改革者公开表示担心，如果观众大都互不相识，羞辱就会失去效果。一位观察者哀叹，现在罪犯对待足枷和颈手枷都很"懒散和冷漠……难道法官大人只能袖手旁观吗"。在18世纪后期，一个简单的应对措施是让不法之徒因为相同的罪行被反复曝光，以扩大他能接触到的群体，但这可能意义不大。在许多观察家看来，现在的羞辱也会导致怨恨而不是悔恨。一位评论家在1784年说道："他们受到的惩罚**消除**了对耻辱的恐惧，并产生了报复的想法，**助长**了他们的邪念。"[12]这种担忧可能会跟自尊本能结合，罪犯在接受羞辱的过程中本来可以表现出"可容忍的"特征，但是现在这一特征被毁了，他们除了继续犯罪，无路可走。公众不满可能也是其中的一个因素，他们抗议对穷人的过度羞辱，这就是1726年费城暴乱的隐含意义，这场暴乱破坏了手足枷，暂时迫使人们使用不合常规的方式，当局哀叹说，这完全有违情感目的。

无论争论偏向哪一边，在19世纪前三分之一的时间里，北方和许多边境州很早就形成了反对足枷或颈手枷等公开羞辱做法的立法运动（表1）。这是公众情感标准发生变化的明显迹象。

尽管记载显示北方的部分州很早就开始改革，但是辩论一直持续到19世纪乃至之后，这取决于不同的地区。虽然改革者在150年前就开始提倡新的方法，特拉华州直到20世纪下半叶仍然坚持公开鞭刑和相关的羞辱做法。在这个州，由于种族局势极为紧张，讨论的焦点更多落在鞭刑而不是羞辱上，反对变革的人抗议用成本高昂的监狱系统作为替代，以及罪犯将由政府供养而不从事生产工作的观念。他们质疑挑战"古老智慧"的做法。许多人声称，邻近的宾夕法尼亚州很早就采用了监狱系统，犯罪率反而更高。传统方式是最好的："现在……对待罪犯太温情了。"相反，保守派特别强调公开羞辱仍然非常重要。"这种惩罚方式的主要优点是公开。忍受惩罚的流氓不怕痛,但他们不想被人看到。"[13]说实话,这指的是情感痛苦,还是认为示众可能提高以后盗窃的难度,不得而知。耐人寻味的是,无论出于什么原因,羞耻的有效性都得到如此热烈的支持,直到这个小州终于跟现代标准接轨。

表1 废除戴手足枷示众

州	废除日期
马萨诸塞	1804—1905
佛蒙特	1805
田纳西	1829
罗得岛	1835
特拉华*	1905

*特拉华是最后一个废除戴手足枷示众的州,直到1952年仍然保留公开鞭刑。

总体而言,尽管过程明显缓慢,争议极多,加上地区之间的重大差异,尤其是在南方,羞辱惩罚仍然越来越多地与酷刑联系在一起,两者都被视为"专制工具",不容于"自由和人道的"美国社会。至少在一段时间内,在改造优先于惩罚的情况下,现代监狱作为明确的替代方式,其优势在于能够较私密地实现对罪犯的改造,就像田纳西州的一位改革者所说,这对任何"有反思能力的头脑"来说都是如此。直接的羞辱逐渐从刑罚学中分离出来。[14]

育儿 育儿指南没有出现明确反对公开羞辱和其他传统惩罚手段的改革言论。主要的育儿指南作者可能没有充分意识到他们首先是在取代古老的传统,尽管也有人表达了一些变革的意识。这种体裁本身仍然非常多样，既赞美了母爱的温柔力量，又令人意外地频繁提及儿童的死亡这一永恒的诅咒——有时候甚至包括品行不端的儿童被监禁的情况。但在纷纭的变化之中，有两点始终不变，还有一点虽然不是一成不变，但也时常出现。首先，育儿指南从不提倡羞耻感，有时候还直接抨击，理由是这会对孩子及其内心真正的是非观造成伤害。其次，直到19世纪末，指南作者仍然积极提倡服从以及坚持一系列基督教美德——羞耻感没有因为他们试图在管教问题上软化就变弱。最后，服从和父母拥有最高权威的论断往往跟幸福和快乐联系在一起，这使育儿建议更加远离一切对羞耻的肯定。

本世纪中叶前不久，雅各布·阿博特（Jacob Abbott）以一种从许多方面来看都很传统的方式，呼吁父母向孩子表明，任何不服从最终都是对上帝的不服从，并将显现在上帝的惩罚之中。然而最终的目标不是服从本身，而是坚定的内在良知。这反过来又要求有能力独立评估包括同龄人压力在内的社会压力。"除非你有足够的勇气，不在乎别人是否嘲笑你……不然你总会遇到麻烦。"把孩子暴露在别人的怒气之中是错误的教训方式，因为目标是培养孩子内心的指南针，让他们深刻理解不良行为本质上就是坏的，而不仅仅因为别人这样说它才是坏的。如果相关社会的标准就是错的呢？显然，除非个人拥有独立判断的能力，否则情况会更糟糕。[15]

一个广为流传的权威管教故事说明了新方法和过去依赖羞辱的区别。一个男孩伤害了家里的猫，因为他这天受到同学的欺凌，一直很难受。他的父亲平静地命令他回到自己房间。男孩仍能得到三餐和照料，但不能跟家里人有其他接触，直到最后真诚道歉，并表明他决心不再那样做。这不是羞辱，也不是对羞辱的心理预期。全家人都同情这个男孩，他们为他祈祷，没有跟他断绝情感关系，也没有试图评判他的为人。关键在于，男孩需要做的是反思，无需观众在场。改变他的是内疚，而不是羞耻感。[16]

更广泛地说，19世纪的经验强调了不良行为对相亲相爱的家庭成员以及可能对社会其他成员造成的伤害。但现在纠正言行举止的不是他们的评判，而是意识到不当行为会造成伤害的罪感，以及如果不能先避免，就要弥补过错的愿望。[17]

逐渐地，最为流行的家庭指南都强调父母，尤其是母爱的力量，这为任何面临羞耻诱惑的人提供了明确的替代方案。孩子是无辜的，他或她只会从恐惧或愤怒的成人那里学到坏习惯。正如凯瑟琳·比彻（Catharine Beecher）所说，正确的育儿方式包括"极度的温柔和耐心"，以及不断地展现母爱。不该公开批评或为难孩子，也不该大声说话。偶尔需要管教时，应该带着"温柔的同情心"，而不是吹毛求疵地坚持一些远远不如良好的家庭情感氛围重要的琐碎规则。如果孩子成了"嘲笑或指摘的对象"，他们的"感情"将被"折磨成迟钝或厌世"。可以肯定的是，这种常见的方法避免了以这样或那样的方式直接提及羞耻心，而且没有明确地抨击殖民地模式。即便如此，寓意也已足够生动：这种说法里的儿童天性与许多殖民地时期的美国人所设想的不同，他们会对截然不同的管教方式做出反应（并受到更传统方法的伤害），他们的自我意识必须得到保护。[18]

莉迪娅·蔡尔德（Lydia Child）响应了这一普遍的理念，但是最后更加直白地表达了关于羞耻的看法。她也认为儿童必须远离不良情绪。不能责骂他们，即使他们自己看起来毫无理由地暴躁。冷静仍是绝对必要的，必须用孩子可接受的选择来转移注意力，而不是暗示父母的爱正在改变，哪怕只是暂时的。父母的好脾气是最重要的，只要孩子一表歉意，父母就要热烈地表现爱意。孩子同样不应该受到嘲笑，也不应该让他们觉得要隐瞒自己的错误行为。目标是让孩子充满自信，并且有能力拒绝不良行为，因为这是有害的。"应该避免让孩子感到羞辱的惩罚。蒙受耻辱的感觉不利于性格的健康发展。"任何情况下都不该让孩子带着行为不端的标识示人，当然，必须尊重社群标准，但"如果［教导孩子］做正确的事只是为了得到大家的认可的话，我们就误入歧途了"。"如果人总是受内在强烈情感的支配"，受"他们自己内心的诚实信念"的支配，"世界将发生多么大的变化"。毕竟，社群也有可能是错的："如果年轻人得从恐惧外界的嘲笑中学会规范自己的行为，他们完全可能被阻止向善，就像被阻止行恶一样。"[19]

重视罪感多于羞耻，教导个人良知优于培养对群体评判的敏感度（进而对"群体"是否正确持怀疑态度）。有趣的是，现在羞耻被称为"受辱"，这些都是日益流行的方法的组成部分。莉迪娅·蔡尔德坚持服从、高标准和规矩的重要性，她的理论并不意味着放任。但是羞耻根本无济于事。相反，根据新的理念，平静地灌输清晰的规则，不仅会产生良好的行为，而且"总能愉快地实施"，这是幸福家庭的一部分。

到了19世纪70年代，新的指南仍然强调服从行为和坚定的良知，但已超越了不要羞辱孩子的训诫。费利克斯·阿德勒（Felix Adler）实际上援引了"自尊"（self-esteem）的概念，指出这种品质也支持道德行为。1900年后不久，心理学研究的早期推广者艾丽丝·伯尼（Alice Birney）同样反对羞辱孩子，但没有使用这个术语。父母不该在其他人（包括亲戚）面前责骂他们的孩子：这"会带给［孩子］与冒犯行为不相称的痛苦，并打击他的自尊心"。伯尼和其他许多人开始更加广泛地推崇个性和创造力，他们没有直接将其应用于羞耻，但是这跟集体规范不相容已经很明显了。埃德温·柯克帕特里克（Edwin Kirkpatrick）甚至因而建议孩子不要谦虚。"一个孩子越骄傲，越有野心……未来的发展就越好。"显然，在世纪之交的规范性指南里，羞耻仍在禁止之列，但不会让人强烈感觉到需要详细的评述。相反，新的工作建立在早期的转变之上。[20]

这一模式基本延续到了20世纪。1932年，两位著作宏富的推广者在为美国儿童协会撰写的文章中强调了让孩子产生深刻的失败感有多"不可取"。参与如厕训练的父母必须保护孩子，"不要让他觉得自己的行为可耻或者恶心"。埃里克·埃里克森（Erik Erikson）和其他人正在进行的心理学研究可能会让专家更为深入地了解羞耻对儿童的影响，而且肯定给他们指出了羞耻对自我价值的危害。西多妮·格伦伯格（Sidonie Gruenberg）因而在1958年指出："孩子必须觉得自己是一个有价值的人，才会认为自己的独到见解很重要。他必须对自己有信心。这种信心对儿童来说很难培养，许多经历都有可能动摇这种信心。"儿童"如果想发展，就需要真正和持久的自尊心"。[21]但在这一点上，所有这些都不需要明确提及羞耻。现在可以假定，受人尊敬的父母知道不管在家里还是在孩子跟其他诸如学校这类环境的接触中，都应尽量减少羞耻的影响。父母可以把重点放在孩子应该提升的积极品质上，而不是避免过去的错误。控制利用羞耻感，强调父母的爱和友善，避免任何形式的严厉惩戒，对此，本杰明·斯波克博士（Dr. Benjamin Spock）很有信心。在《婴儿和育儿》（*Baby and Child Care*）第一版中，他曾警告不要在走路训练中利用羞耻心, "永远不要小题大做或让婴儿感到羞耻", 除此之外, 他认为具体的训诫毫无必要, 这在后来的版本中表现得更加明显。至少从原则上来说转变已经完成了。[22]

1946 年, 鲁思·本尼迪克特在文章中提出了一个广为流传的看法, 她说在美国 "羞耻是一个越来越沉重的负担……我们并不期望羞耻承担道德的重负。我们没有把伴随羞耻感而来的深深的个人悔恨纳入我们的基本道德体系", 她的说法基本是对的, 但是略微落后于实际的美国文化转变。[23]

起因

探究像羞耻这样相对较新的历史话题, 可能会让人对转变过度兴奋, 过分强调其重要性。毕竟, 可以明显看出, 前现代社会以他们自己的方式处理羞耻, 羞耻的变化也发生在传统的轨道上, 即便在单一的文化里, 肯定也会有不一样的反应——或许最小的农业共同体除外。

尽管如此, 19 世纪初发轫于美国和西欧的重思羞耻运动仍然非常重要。这种至少自农业出现以来就普遍存在的情感始终都是社会和个人经验的一部分, 尽管细节各不相同, 现在可能是头一回遭到贬抑。不管一些当代社会科学家的意见如何, 他们都为羞耻的负面影响提供了明确的证据, 人不会自然而然地远离这种情感。

第三章提到, 援引现代性可能不是一个很有成效的解释路径。对荣誉的重思值得关注, 例如, 决斗受到的抨击越来越多, 但这也凸显了地区差异, 因为南方在情感改革的方向上进展缓慢。城市化的某些方面可能发挥了作用。当然, 到了 18 世纪后期, 许多美国人都非常清楚, 殖民地早期建立的具有真正凝聚力的社群正变得复杂, 没有那么同质化。早在1900年之前，像马萨诸塞州的戴德姆（Dedham）这样的小镇普遍就已注意到了这一点。换句话说，相比于其他情况，社区的发展可能更具破坏性，原因单纯就是早前对凝聚力的期望，或者放大对过去美好时光的怀旧回忆。不仅如此，到了19世纪初，包括爱尔兰人、德国人和法裔加拿大人在内的大量移民改变了城市的环境。此外，人们普遍觉得农村移民给城市带来了各种无可救药的野蛮边地特质。一些意见领袖可能得出结论，美国社会，特别是城市地区，正在变得过于复杂，羞耻心因而无法很好地发挥作用，至少就传统标准和传统形式来说是这样。例如，这可能会使人相信，需要新的惩罚形式来应对不断上升的犯罪率（有些是想象出来的，并非事实），正如我们所看到的，这构成了更大的羞耻转变的一部分。还要指出的是，随着时间的推移，美国也将成为一个独特的人口流动社会，不仅接收外国移民和从农村到城市的移民，而且人口流动于城市和乡村不同地区之间。在这个特定的国家个案里，这是在社区凝聚力讨论中另一个需要考虑的因素。[24]

然而，即便在这一点上，除了很难将重估育儿羞耻与小城市的出现联系起来，还要注意一个有趣的变量。羞辱在刑法改革中受到抨击的一个关键原因是人们普遍感觉许多不法之徒开始蔑视社区，更有可能突然袭击或日后寻求报复，而不是接受羞耻的刺痛，就此从良。这一转变并非城市环境发展的自然结果——尽管这可能是一个次要因素，而是违法者自身的变化：相信个人的自主权现在高于集体规范。[25]毫无疑问，面对不断发展、可能难以约束的城市，美国和欧洲当局都在重新考虑示众的正面影响。这一担忧主要针对鞭刑和处决等体罚，现在不仅要予以削减，还要转到秘密场合，那样才不会激起暴民的激情。但是羞辱也进入了思考范围，因为当局认识到，一些被羞辱的对象总是利用公共场合来宣扬他们的愤怒和不知悔改，而且大众不一定总是站在秩序力量一边。尽管如此，彻底重思羞辱，尤其是家庭环境里的羞辱，并不取决于对城市环境的新质疑，而是取决于似乎与羞耻和羞辱格格不入的一系列新文化目标。

正是这些新目标，最为明显地重新定义了现在的羞耻术语。过去可能是标准的一套做法，现在可能会产生"丑行"（ignominy）这个词。童年的羞耻不再是羞耻，而是"堕落"（degradation）。至于"侮辱"（humiliation）一词，尽管并不新鲜，但也可能需要重新评估，在延续数十年特别激烈的辩论中，它的使用率比羞耻更高——在那之后则逐渐消失。

那究竟怎么回事？归根结底，重思羞耻反映的是此前的文化转变，即更加重视个人主义和个人尊严；其他的发展，比如城市化、荣誉

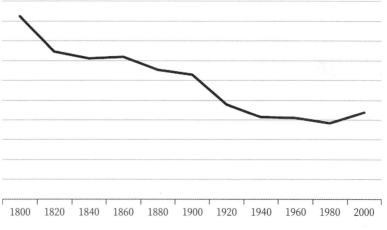

图表4　从19世纪到2000年，"侮辱"（humiliation）一词在美国英语中的出现频率。资料来源：谷歌词频统计器。

的逐渐衰落或出现了治安和监禁等新的政府职能, 都在这一框架内发挥了作用。传统的羞耻程度变得难以接受, 因为社会-个人的关系正在重新调整, 这在美国和西方世界其他地方都一样。要点在于羞耻是一种臭名昭著的社会情感约束, 跟有关个人的观念产生了新的矛盾。

这些重新定义的背景要素并不陌生。启蒙运动强调了新的个人观念, 不再以罪来定义人, 认为人能够通过理性教育得到提高, 应该保护宗教和言论自由等重要权利。在此基础之上, 像贝卡里亚那样明确的改革者呼吁全面地重思传统的惩罚措施, 加强保护个人尊严, 从而提高有效性。他主要针对的是包括酷刑和死刑在内的体罚方式。然而, 正如我们所看到的, 现实中的改革辩论很容易将羞辱归入同一类。事实上, 考虑到对个人的关注, 羞辱现在可能就被视为一种酷刑。[26]

一些历史学家认为, 18世纪文化革新的细节有可能掩盖了新的个人自我意识的全面兴起, 即妮科尔·尤斯塔斯 (Nicole Eustace) 所说的 "自我的崛起", 这不仅是启蒙理性主义的产物, 也是新的早期浪漫主义潮流的产物, 这些思潮赋予了个人情感更多的能见度, 甚至带来新的表达方式, 比如新型的消费主义, 其目的是向更广大的受众传达个人身份, 尽管这种表达方式还不够充分。[27]可以肯定的是, 对这种新的自我情感的探索还没有直接应用于羞耻, 但是个中联系相当明显。对自我的关注会使受害人和潜在的执法者更难容忍社区内的制裁, 而且它往往伴随着隐私意识的转变, 这将进一步破坏传统方式。[28]

此外, 尽管文化转变的重要方面涵盖大西洋两岸, 但是, 就算有许多局限性, 美国革命与引发革命的激情在新生的美国创造了一个重新定义情感的特殊空间。革命修辞强调个人自由是根本的: "将源自我们祖先的……纯粹无瑕的自由传给后人。"自由和同样令人不安的追求幸福的想法可能会轻易地转化为审视曾在公共领域发挥作用的各种情感。新建立的共和国需要而且也有机会定义新的公共生活。新宪法本身就非常反对"残忍和极端"的惩罚,这为一起抨击酷刑、示众乃至羞辱创造了机会。新的自我观念可能会使许多不法之徒更加蔑视社区的处罚——尽管在这一点上没有确切的证据,但当时的人都觉得羞辱在这方面遇上了新的阻力,刑罚学必须用创新来回应。

虽然一些育儿材料明确提到父母有义务培养子女的美德和独立意识,从而证明新共和国的合法性,但这没有直接激发对育儿的重新思考。更为重要的是福音派宗教传统与新兴的主流温和新教的差异越来越大,这对羞耻产生了直接的影响。[29]在此框架之内,19世纪20年代初出现了一种新的家庭指南,其灵感来自新教,但不再有教派之分。与此同时,美国的中产家庭也开始经历其他影响家长目标的关键变化。至少在北方各州,他们开始觉得为子女提供教育是他们的新责任,这使他们摆脱了以前跟家庭企业经营联系在一起的那种工作责任,但也降低了出生率。[30]这些典型的变化很容易跟更受推崇的个人主义联系在一起。尽管教育没有从练习和背诵转向某种革命性的新模式,但可以说,成功学生所需的品质不同于那些注定早早开始工作的孩子所需的品质。较小的家庭规模为父母和孩子建立情感纽带创造了新的机会。事实上,由于父亲在工作场所的时间长,在家则相应地缺席,母亲和孩子的纽带变得至关重要。最后,尽管还没有明确的讨论,但相同的发展趋势,特别是孩子作为家庭经济资产角色的削弱,可能会使人十分关注这个有趣的问题:如果不是为了工作,现代儿童在家庭中的作用是什么? [31]

其结果, 虽然不像美国希望建立一种新的应对犯罪的对策那样具有明显的革命性, 但部分地重新定义了儿童的意义。这样的重新定义不仅符合苗长的个人主义, 也符合重估羞耻和羞辱的需要。最为明显的是, 在没有完全意识到所涉及的革新之时, 指南手册的作者就开始提出, 在现代家庭, 培养一个快乐和情感敏感的孩子才是父母的主要目标。服从依然重要, 但是现在更多地与快乐联系在一起。管教仍然要紧, 但必须接受重估, 依附于对家庭之爱的持久保证——事实上, 它必须跟羞耻切断关系。[32]毫不意外的是, 也是从19世纪初开始, 外国观察家的一个惯例就是观察儿童在美国中产家庭中看似特殊的地位, 包括特殊的情感地位。面对新的状况, 身处个人主义乃至幸福日益受到重视的文化背景之中, 许多父母和大部分家庭指南作者都不得不放弃对羞耻感的依赖。羞耻引起的情感混乱, 乃至暂时收回父母的爱, 都不再有意义, 父母只能通过其他方式进行管教。由此产生的改变跟刑罚改革的目标是一致的, 尽管不像后者那样大张旗鼓, 但事实证明, 这会更加持久和连贯。[33]

诚然, 将重要情感的重新定义归因于文化变迁是有些牵强。如果能够找到更多可量化的相关因素, 比如城市化或政治结构的变化, 研究或许可以更加精确。但文化变化本身就很真实, 努力让美国情感适应更加个人主义的新标准是这一更大进程的关键一步。

羞耻的延续

复杂与调整

尽管真正地摆脱了传统的羞耻模式, 但是这种情感仍然存在于美国的经验之中。本节注意到的一些延续性绝对不会令人惊讶，正是因为根本变化如此之大，所以结果完全在预料之中。羞耻感发挥过社会作用，就算到了更个人主义的文化背景下，它的功用依然没有消失。根据不同的地区和群体，关于羞耻的新区分开始出现。羞耻和羞辱也有了现在看来必不可少的新用途，这或许是最令人惊讶的发现。总体结果显然增加了羞耻衰落的复杂性。但这也提出了一些问题，仍在延续的乃至新的羞耻体验如何融入对这一情绪认可度更低、惯有支持更少的大框架之中。在包括美国在内的许多当代社会里，羞耻感之所以棘手，是否由于为了个人尊严而努力淡化羞耻感与羞耻感仍在延续之间的差距？在导致羞耻衰落的诸多压力之中，现实的羞耻历史是否需要我们更充分地认识到这种情感依然是无法避免的？

不敢说这一节全面地叙述了19世纪中叶到20世纪中叶美国的羞耻和羞辱。举个例子，时至今日，除了创伤后应激障碍等免责问题越来越深入人心外，羞耻感仍是军队经验的核心，应该受到更多关注。但在接下来的情形中，人们显然仍对羞耻的作用抱有浓厚兴趣。

我们首先讨论羞耻延续的例子，在变化的大背景下，也会有区域性和其他差异。对荣誉的关注没有立即消失，而且这依然取决于公开和私下羞辱的时机。新的体面（respectability）观念重现了过去与性行为及性习俗相关的羞辱意义。在两种情形里，延续性最终都遭到了侵蚀，对羞耻的摒弃更加彻底，但是永远都不会到完全废弃的程度。

学校纪律本身就是一种重要的类别。在这方面，羞辱同样展现了对过去的延续，实际上也有一些新需求依赖于这种情感。不过到最后, 新的社会标准至少在原则上得到了支持, 这为实施情感变革提供了重要的额外支持, 也为其可能产生的混乱结果提供了额外的证据。

最后, 19世纪和20世纪初出现了一些新的, 或者至少半新的羞辱方式。在这些情形中, 新型社群和社群规范发展了起来, 其中至少有一种情况是联邦政府自己找到了新的理由来汇聚社群的情感支持。更多限制利用羞耻的努力可能会发挥作用, 但会受到相关社会需求的制约。

荣誉和体面

借助羞耻来实施的荣誉准则在美国部分地区衰落得更快, 这可能只是因为美国缺乏军事贵族, 这样的准则从一开始就没有那么根深蒂固。即便如此, 衰落也是渐进的、不稳定的, 所以可能在发生整体转折之后, 羞耻和羞辱仍然受到推崇。

曾经有人专门探讨过它们在南方的延续性, 在那里, 新的刑罚体系和其他新体系一样面临相当激烈的争论, 慢慢才确立起来。许多南方人试图依靠过去的社群规训方式, 直到20世纪仍然有人这么想。因此, 在20世纪20年代初, 奥扎克斯 (Ozarks) 的一名年轻女性就被大家认为性放荡, 受到了哄闹嘲弄——她无法从中恢复过来, 只能离开小镇。南方的许多州长期坚持公开惩罚的重要性, 无论是得到当局批准的, 还是像私刑和三K党活动那样至少是没有得到正式认可的惩罚。让罪犯受辱仍是这个程序的重要部分。同样地, 类似的传统惩罚仍然适用于许多道德过错, 一战后, 三K党也参与其中, 因为人们对整个社会的道德沦丧充满担忧。[34]

决斗已经臭名昭彰, 但是仍未消失, 这反映了荣誉和羞耻观念的持久性。放弃决斗很难，即便它已经被正式宣布为非法——北方各州从18世纪末开始，南方则要晚一点。涉及羞耻时，即使是决斗的反对者都常常会表现出矛盾的心理。因此，一位南方官员在19世纪70年代指出，如果回避决斗"会让一个人的生命在他自己和社群眼里失去价值"，那么最好还是继续战斗。[35] 在19世纪中期，南方的挑战者常常通过报纸或小册子"帖子"，渲染试图逃避正式挑战者的懦弱，从而强化了这样的公开羞辱。而即使在南方，决斗也确实开始落幕，因为民意跟法律接轨，人们认为这种做法过于暴力和随意，而内战导致的巨大伤亡无疑促进了这一反思。

当然，就算在那时候，荣誉及其相关的羞耻观念都没有消失。接下来我们会讨论它们的新形式：一种新型的男孩文化及其对现代体育崛起的贡献。即使在今天，南方文化仍然留有支撑荣誉和羞耻感的残余。不过在美国，因为羞辱受到新的反对，加上发展出通过商业和赢利来提升自我的新动机，表面上的延续性确实受到了限制。

在19世纪的美国，体面有时牵涉到古老的家庭荣誉观念，它为羞耻提供了一个更新的框架。性标准和"良好"举止都不断地制造机会和需要，至少保留着羞耻的强大潜力。

但是背景发生了两大变化。首先，可以看到过去公开羞辱的方法现在已经被抛弃了，只有少数地区仍在坚持，至少在东海岸，这些方法其实已经不再体面。其次，社群领袖们现在对在整个社会推行良好习惯越来越不抱希望——过于丰富的多样性和过多不负责任的行为使其失去了意义。当然，人们完全有理由公开哀叹世风日下，或者觉得到了19世纪后期，有必要支持在城市设立红灯区来限制流毒。反对包含通奸在内的不端性行为的法律仍有书面意义，就像禁止"违反安息日"的规定一样。现在的区别在于执法的意愿。逐渐地，只有在相关行为"公开且臭名昭著"、无可避免，而且最重要的是会成为明显的负面典型时，新的城市警察部队才会跟进。[36]

不过由于这些变化，在各自的体面群体中发展出定义和维持标准的能力显得更加重要了，而羞辱肯定和越发受到重视的罪感一起，继续发挥着作用。

在这方面，性欲是一个有趣的案例。姑且不谈道德，生育控制的需求令美国的中产阶级极其关注性规范。毫无疑问，罪感受到越来越多的关注，成为性的自我控制的关键情感。19世纪中期对手淫的声讨较少诉诸羞辱，而是大量使用罪感和错误的健康建议。在维多利亚时代，用自我控制来取代早期社群标准的另一个表现是始终给予年轻女性压力，让她们觉得自己有责任防止婚前性行为。但在这些对话之中，羞耻感依然举足轻重，尽管现在有点隐而不彰——这还和过去基于性别的羞辱传统相符。女性担心一旦在婚前失去童贞，她们的名声就会受损；对羞耻的预期直到20世纪都极大地影响着人们的行为，也促使人们隐瞒。男人可能悔婚，甚至跟妻子离婚，就因为掌握了婚前性行为的证据。一个年轻女子得知她认识的一个男人被控告非婚生子："我担心这会伤害到我。虽然我从来没有跟他单独出去过，但我一直跟他在一起。"但是羞辱也影响到许多女性改革者的活动。在美国许多城镇，热心的新团体可能公开点名通奸者，可能视察妓院并记下男性客户的名字，可能造访那些对仆人进行性骚扰的男性雇主。毫无疑问，体面的中产阶级美国不同于殖民地时期的美国，但新的或改进过的羞耻形式也不容忽视。[37]

此外，美国的中产阶级可能引入了埃利亚斯来描述早期现代欧洲的文明进程，所以也要遵守体面的礼仪。约翰·卡森（John Kasson）研究过美国城市中产市民所遵守的，用来将他们与下等人区分开来的复杂礼仪。着装规范、访友程序以及专属个人名片、饮食习惯，所有这些都要遵照详细的礼仪规范，目的首先是示意人们克制欲望或过激情绪。孩子自然从小就要接受训练，至少在原则上是这样，而且随时准备动用羞辱手段来强迫他们。因此，一个对越来越严格的姿势和坐直标准感到焦虑的学生，在因偶尔独处而松了一口气时被告知："你永远都不是独自一人。"不得体的举止，例如只用餐刀吃饭或咂嘴，会被视为恶心的，就像俗语所说，"无耻"。礼仪书籍明确指出：礼仪就像法律，想进入上流社会，避免当众出丑，就要了解并遵守礼仪。我们还不能确定强烈的羞耻感或羞辱经历在多大程度上支撑着这一切。但是新体系的核心就是对社会标准的情感认同。[38]

不是只有中产阶级才有关于性和礼仪的规则与羞耻的替代品。形形色色的工人阶级和移民群体，比如模仿中产阶级的爱尔兰人或者在珍爱的客厅小心维持礼仪的意大利人，都有可能制定类似的标准和情感的强制手段。

基于体面的羞辱就像荣誉准则一样，到20世纪中期仍有一些残余。这从另一个角度表现而非驳斥了延续性，它缓和了对羞耻的依赖或接受度降低这一更大的趋势。因为在两次世界大战之间的二十年里，与通奸等性行为相关的羞耻程度明显下降了——林德夫妇（the Lynds）在比较他们研究的20世纪30年代的米德尔敦（Middletown）和十年前的米德尔敦时注意到了这一点。与更加开放的性相对应的是所谓的礼仪"非正式化"，即减少死板和复杂的准则, 这可能降低了因为不守准则而感到羞耻的可能性。羞耻不会消失, 稍后我们需要论述如今所谓的"荡妇羞辱"(slut shaming)在性领域的复兴。但至少在某些方面, 羞耻感确实衰落了, 从而减少了与其他领域控制羞耻努力之间的冲突。[39]

学校的羞耻

美国的学校最终积极参与反对羞耻和羞辱的新举措, 尽管并不彻底, 但是更大的社会趋势之间的联系却是延迟的, 直到今天仍然非常复杂。在1850年之后的几十年里, 羞辱虽然在家庭中开始减少, 实际上却有增无减。这种差异可以用一些非常合理的原因来解释。适用范围更广的标准最终影响了学校, 但学校教育-羞耻的相互作用仍是独特的, 一部分可能是因为学校最初表现迟疑, 更明显的原因则是同伴文化和师生等级制度固有的张力。作为儿童社会化的一部分, 羞辱始终都是针对他们的, 而且尽管育儿顾问抨击这种模式, 它依然出现在不断扩大的大众教育领域。

当然, 在殖民地时期的美国和许多其他前现代社会, 学校羞辱由来已久, 所以持续不断的羞辱模式在一定程度上表明这只是一个普通的习惯。但这在19世纪的几十年里变得更加复杂, 因为学校的情感轨迹完全不同于如今在其他环境里推荐的处理羞耻的方法。对羞耻的依赖没有减弱, 而是增强了——耐人寻味的是, 在相当长的一段时间里, 父母似乎并不在意。家长要么根本没有注意到新的建议, 这是可想而知的, 要么乐意在他们孩子在家中所能期待的和他们在教室里的遭遇之间造成新的鸿沟, 又或者, 家长对新的情感信号反应不一, 这在过渡时期很有可能。[40]因此, 将孩子送入普通学校的家长可能不同于那些可以获得更多精英教育资源的家长。

美国的学校最终吸收了情感大趋势的关键元素，但是过程相当缓慢，原因也很好理解。这反过来意味着当学校真的开始更系统地反对羞耻时，它们面临的可能不只是残余的传统阻力，例如来自执业教师的抵制。这意味着许多学生仍会在生活的某个方面经历羞辱，虽然他们有些人已经从比如父母那里掌握了新的信号，知道羞耻现在是有辱人格的体验。过渡期的复杂性及其后续影响值得关注。情感史是一个正在兴起的学科分支，还没有应用到教育领域，羞耻会是一个很有启发意义的开始。

我们从学校羞辱的经典标志——"傻瓜帽"开始，它的真实历史出人意料地晦暗不明。我们知道这种帽子的想法来自中世纪哲学家邓斯·司各脱（Duns Scotus），他认为戴上圆锥形的帽子可以集中注意力。邓斯的作品被扫入故纸堆之后，到17世纪，他成为笨蛋（dunce）的代名词，在学校尤其如此。一份17世纪初的英国文献提到，成绩较差的学生会被要求坐到邓斯桌那里。查尔斯·狄更斯发表于1840年的小说《老古玩店》第一次明确提到这种帽子。不管中间的历史如何，可以确认的是，在19世纪末和20世纪的许多美国课堂里，傻瓜帽十分流行，针对的包括成绩糟糕和行为不端。一个被点名的学生要在指定时间内面向教室角落坐着，头戴高帽，这足以让他自己或班上其他学生清楚他（或不太常见的"她"）的羞耻。傻瓜帽最终退出了校园，只是过程缓慢，而且就更大的谴责羞耻的历史而言，这一结局令人惊讶地迟来了。[41]

为什么说这延长而且可以说是增强了在学校教育中对羞耻感的依赖呢？还有哪些其他证据吗？

羞耻和学校教育藕断丝连，在一定程度上与早期的情感标准有关。例如从 1836 年到 20 世纪，《麦加菲读本》（*McGuffey's Reader*）一直是小学教学的主要内容，里面提到羞耻的时候似乎理所当然地假设儿童清楚这种情感及其表示的警告信号。这本书的第三版严厉批评了"虚假和欺骗"。"哦，那是多么可怕的困惑和羞耻，骗人的孩子将无法承受。"有趣的是，它接着警告说，撒谎让人无法进入天堂，因为天使会为这种丢脸的事情作证，这是社群标准的有益转变。救赎可能受到阻拦，这主要是因为天使的羞辱力量："那些孩子缺乏说出真相的气度，可耻，可耻。"其他关于羞耻的提法，虽然比较常规，但也可以假定已得到公认，比如"有些人是国家之耻"。[42]

　　但在 19 世纪的最后几十年里，学校的羞耻不仅仅包括阅读材料或延续性的问题。劳拉·英戈尔斯·怀尔德（Laura Ingalls Wilder）在她的一部小说里描述了一个有趣的转变。阿尔曼索·怀尔德（Almanzo Wilder）刚开始上学的时候，生动地回忆起他的哥哥曾被老师打得鼻青脸肿地回家。可是他自己的经历却不一样，体罚很轻，比如说，当他拼不出单词的时候，就得在课间休息时留在教室里好好学习，还因为"跟女生混在一起感到羞耻"。[43] 同样，马克·吐温笔下的汤姆·索亚因为学习差而感到羞耻，不得不在嘲笑他的同学面前一遍又一遍地复述自己的话。

　　始于 19 世纪 40 年代的学校报告表明，体罚自然而然地遭到了抛弃，然而随之而来的是，学校坚持必须获得完整的惩戒权。学校强烈要求家长不要相信孩子所说的纪律问题，而且学校大都认为家长的投诉是出于家庭溺爱，不予理会。正因为体罚受到约束，保留所有其他惩戒选择看起来就很有必要——任何非体罚的惩罚都谈不上真的过分。[44]与此同时，普通学校重新开始强调教师的权威，而且需要让学生相信，教师的凝视是无可避免的，他的监视无处不在。还有一些证据表明，其实许多家长都表示认同，部分是因为他们也很热衷于支持取消体罚孩子，也可能是因为他们也仍然觉得羞辱是自然的。不仅如此，许多教师对保留控制权感到担心，认为一个可行的方法是使用各种身体威胁和羞辱，但是很少或没有真的打骂，只会带有威胁地提到可能会这么做。其他常见的做法是保留"记过本"，以方便识别捣蛋鬼，这为有针对性的羞辱提供了良好的基础。[45]

最为明显的羞辱手段，比如傻瓜帽或在同龄人面前把调皮的孩子单点出来，在美国和加拿大的西部与中西部的农村和边疆地区似乎特别流行。例如，那些只有一个教室的学校不仅用傻瓜帽，还在教室前面的黑板上画一个点，然后让调皮的孩子用鼻子贴上去，站上一段时间——这样就把真正的身体不适跟羞辱结合起来，尽管这谈不上真正的体罚。即使在东海岸的城市里，这样的做法依然存在，因为更加公然的传统羞辱做法正在经受严厉的审视。[46]

劳拉·英格戈斯·怀尔德在她的小说中再次探讨了大城市教师的理想主义与农村实际状况之间的矛盾。在《草原小屋》（*Little House on the Prairie*）里，新老师在纪律问题上花了很多心思，希望学生喜欢她，这样她就可以用爱而不是恐惧来管理。[47]但是学生不懂，所以她不得不动用羞辱手段，要求调皮捣蛋的学生站到全班面前，在黑板上一遍遍地抄写认错书（最后连这种方法都失败了，这位老师只能辞职）。另一部拓荒小说的角色卡迪·伍德朗（Caddie Woodlawn）也强调了严格的非体罚惩戒的重要性，重点在于设法让教室霸凌者为自己感到羞耻。[48]理想的情况是道德权威以羞耻心为后盾，以避免体罚为强化手段，从而更加有力地控制班级——尽管在这种情况下，理想和现实也会产生冲突，教师不得不依靠一些愿意痛打霸凌者的男生。

毫不奇怪的是，教师自己也会评论管教过程。索菲亚·怀亚特（Sophia Wyatt）在1854年写了一篇日记，抱怨家长"有时过于严厉地责骂孩子"——耐人寻味地预示了后来教师对孩子精神状态的顾虑。但她也担心家长干涉惩戒。"没有家长的协助配合，再好再厉害的老师也很难维持一所好学校。即使规章制度很严格，规则很严厉，家长也不应该在孩子面前表示抗拒……一句劝告，或花几分钟时间帮助［孩子］，就有说不尽的好处。"[49]的确，现在还不完全清楚羞辱是否是管教措施的一部分，也不知道在这种情况下，家长是否开始表示反对。但对纪律的关切肯定构成了一种背景，在此背景下，羞辱似乎是有效的，甚至是必不可少的。

19世纪末以及之后，各种各样的羞辱仍然流行，甚至有增无减，原因有几个——其中当然包括既定的习俗和利用课堂等级制度的内在诱惑，教师在其中明显是拥有特权的权威。反对体罚的斗争是实实在在的，而且是逐渐才取得成功的，这意味着许多教师实际上可能不仅以依靠羞耻心为豪，还觉得羞辱是绝对必要的，因为其他传统的惩戒措施正在受到挑战。女性教师的崛起带来了对维护权威的真正恐惧，尤其是在更孤立的环境里。她们担心自己跟一些年纪大一点的男生相比，缺乏体力优势，这可能加重她们对羞辱的依赖。越致力于提高教师权威，淡化学生作为课堂监督者的作用，就越需要扩大道德和学术优势。

19世纪晚期开始出现改变的迹象，尽管这一运动长期以来都带有试探性。虽然语言不同，但是一些新方法具有惊人的现代气息。越来越多的教师和教师培训者开始强调，在欢乐的课堂氛围里，在不对学生提出过分要求的情况下，教师应该让课堂变得有趣和吸引人。这虽然不是直接抨击羞辱，但显然是在寻求替代方案。

1898年密苏里州的一份校刊讲述了一位拉丁文老师的故事，一位当地记者访问了他的课堂，不幸的是，学生当天的表现不尽如人意。记者大吃一惊，试图让学生为他们的无知感到难堪。但是这位以远见卓识著称的老师回应说："我认为明智的做法是尽我们所能……帮助这些孩子。"[50] 退后一步，少点要求，提供更多指导，不要试图羞辱。同样地，重点是建设，而不是批判过去的某些羞辱做法。学习应该是有趣的，教师应该做的是鼓励，而不是吹毛求疵。课堂应该是充满欢笑的地方，而不是令人恐惧的地方。

康涅狄格州的一位学校官员呼吁不要期待甚至要求学生唯唯诺诺。在一个成功的课堂上，"没有坟墓一样令人压抑的沉默……每一个动作都体现出生命力、活力和热情"。智力和情感应该一起训练，但如果要选，心灵应该优先于头脑："学校最重要的支配力量，最根本的力量，应该是爱"——这意味着剥夺教师的专制惩戒权威，以坚定的积极态度取而代之。[51]

这样的转变呼应了 F. W. 帕克（F. W. Parker）等进步主义者以及约翰·杜威（John Dewey）本人更为正式的思考。帕克谈到教育要解放人类精神，摆脱一切压迫感。学生应该学会自我激励、自我约束，而不是早早就受到来自外部的控制。杜威进一步表示，他非常关心如何让犯错者重新融入并改过自新，这是对严重依赖羞耻感的另一击。[52]

然而，尽管这种基调变化让学校的看法更接近于中产阶级家长一直以来获得的有关羞耻和羞辱的各种建议，但实际上没有对残留做法形成系统性的打击。让学生站在全班面前，或者把他们打发到角落，戴上傻瓜帽，仍是许多学校教师使用的惩戒手段，没有引起过家长或同事的大声抗议，至少在20世纪的第一个十年是这样。[53]

在新世纪的前三分之一时间里，许多公立学校的学生构成发生了变化，对羞辱的惯有依赖因而获得了新的动力。由于涌入美国的移民规模空前巨大，教师现在面对的是日益多元化的学生群体，他们总是担心纪律问题，并意识到可以利用自己的权威。这些学生的文化习俗各不相同，有些英语表达能力也不强，教师处在"种族"优劣假说流播的社会氛围之中，跟他们打交道的时候，无疑会觉得羞辱是一种合理的应对方式，这是羞辱和等级制度齐头并进的又一个案例。由于自己文化中的情感习俗，一些移民群体可能对此持默许态度。例如，一些犹太家长敦促他们的孩子避免做任何令人羞耻的事情，唯恐影响不仅波及学生，还波及犹太人群体。[54]

此外，这种情感现在不仅仅用来维持传统纪律和取得可接受的成绩。第一次世界大战后，羞辱也延伸到了卫生领域，在种种因素的合力之下，学校成为处理真实或想象的移民缺点的中心。成立于1927年的美国卫生协会（American Cleanliness Institute）在主要肥皂制造商的支持下，将在校学生视为他们鼓吹的标准的主要受众。就像该协会所建议的，"所有卫生教育的目标都是形成终身的卫生习惯"。令人震惊的是，其实大多数学校都不会要求儿童在饭前便后洗手。而且，目标不能只限于存在不足的学校，学生应该让他们的家人一起维持良好的卫生。这是一个非常适合运用羞辱的环境。

协会顺便提供了许多鼓动人心的故事和海报，但最好的做法还是在老师和同学面前公开展示。所以学生必须"报告他们在家洗澡的天数"。儿童登记加入教室的"健康镇"（health towns），如果他们违反了洗手规定，就要被开除一段时间——"开除……直到他再次证明自己有资格住在那里"。按照当局的说法，这些运动的倡导者呼吁采用正强化而非负强化措施。"要注意不要伤害有皮肤问题的孩子的感情。"标准不能过高，早上的检查应该突出那些真正讲卫生的孩子，而不是那些不讲卫生的。尽管如此，羞辱仍然是这场新运动的基本面，而且针对的不仅是个别儿童，还有他们的家庭环境。像定期检查虱子的做法，肯定要公开结果，这显然将情绪反应与学校内部的社会等级制度联系了起来。[55]

传统，加上教师对废除体罚等运动的担忧，以及学生群体变化和等级制度吸引力带来的明显的新需求，都推动了20世纪中期对羞耻感的广泛应用，这与育儿和刑罚学领域的决定性转变形成鲜明对比。直到第二次世界大战之后，这一脱节才终于得到了更加系统的解决。师范教育的领导者开始强调维护每个孩子自尊的重要性。这个新环境容不下正式羞辱，至少就教师主动性的角度来说是这样。与此同时，这种情绪仍被隐蔽地运用，对许多教师来说，这似乎是课堂管理的基本组成部分。

变化的确有，早先育儿指南的重点开始在某种程度上更系统地纳入教师规范。家长自己也越来越热衷于保护他们的子女，对课堂上真实或想象的侮慢变得更加敏感。新的专家，尤其是埃里克·埃里克森这样的权威，虽然对未来完全消除羞耻感到悲观，但仍呼吁大家多关注这种情感的破坏性影响，即它有可能损害儿童的自我形象。

在他的展望之中，成年人必须避免给调整过程增添麻烦。正是在这个时候，在20世纪50年代，整体意义上的课堂管理得到了更加系统的关注。现在，评价教师的依据可能是他们注重积极行为和避免课堂混乱（两者不一定完全兼容）的能力，而教学框架官僚化的运动本身就可能会阻碍教师在运用羞辱方面的独特做法。[56]

早在20世纪50年代摄制的教师培训片就明白无误地体现了这一结果，它们特别描述并斥责了羞辱方法。在一部片子里，一个倒霉的数学老师"格兰姆斯先生"斥责他的班级："这是我教过最差的班级"，"你们都不知道什么是学习"，"懒散"。[57]这种羞辱氛围首先打击了许多学生的积极性；其次导致了嘲弄式的反抗；最后，它有效地消除了任何建设性的互动。由于这个落伍的情感框架，整个班级都不知所措。片子明确指出，教师必须对学生态度友好，决不能让他们难堪——尽管羞辱仍有剩余价值，在适当的引导下，学生可以用相互羞辱的方式，有效地提高学习成绩。

这种新的看法结束了在同龄人面前羞辱学生的各种做法，但是还有别的。替代的选择包括：不良学生现在被"打发去校长办公室"——有趣的是，这种惩罚隐私化的举措类似于先前刑罚学从公开羞辱到秘密囚禁的转变（到校长办公室的经历可能更加温和）。校长与普通教师的区别因而更加明显，一个主要的后果是校长成了首席纪律执行官。[58]

还有其他将注意力从羞辱转移开来的措施。从20世纪60年代的加利福尼亚开始，学生的自尊越来越受重视。更多的学习和其他活动旨在为学生提供更多获取积极体验的机会。分数的通货膨胀和其他做法，比如增加毕业生代表的人数，也缓解了潜在的羞耻感。然后在

20世纪70年代,新的立法禁止了诸如公布成绩的传统做法,尽管仅限于高等教育阶段——这也是为了限制同学之间的蔑视。[59]连对自尊的批评都在淡化羞耻:"失败并不可耻,唯一可耻的是没有去尝试。"[60]

在这样的背景下,最为公然的羞辱做法确实减少了。当一名教师可能试图以新的适当方式恢复这些做法时,比如2012年爱达荷州的一名教师同意让她的四年级学生给没有达到阅读标准的同学脸上涂上彩色标记,校方和公众立即表示强烈不满,该教师不得不停止了这样的做法。在俄亥俄州,一名教师要求霸凌者听取同学的抱怨,但是没有给他机会回应,该教师因而被指责为羞辱学生,很快就被解雇。[61]

不过,教育领导者想看到的显然不只是学校放弃使用羞辱,还要制定明确和正面的替代方案,或至少避免来自现在敏感的学校社区的投诉,尽管如此,与仍在推荐给家长的各种标准全面融合根本没有实现。事实上,学校并没有像专家继续向家长呼吁的那样禁止使用羞辱。学校和家庭的情况不一样。家长只需面对几个孩子,他们其实也没有完全放弃利用羞耻心。后婴儿潮家庭平均只有不到两个孩子,而且住在郊区,与邻居有一定距离,无论如何都很难找到羞辱所需的家庭或社区观众。学校就不一样了,教师继续强调现实之中的课堂管理其实非常困难。这不只是因为孩子的数量,还因为新的提高学习表现和考试成绩的压力,同时还要防止吸毒和其他社会弊病,这都需要有效的惩罚措施。当正面措施不足以解决问题,当桀骜的学生对自尊的呼吁不屑一顾,唯一的方法可能就是安静的羞辱。除此之外,还有一个明显的事实,即在许多学校环境里,同龄学生群体热衷于羞辱,把这当作建立等级制度和边界的一部分。[62]

　　　　　　第四章　重思现代社会的羞耻:19世纪和20世纪

20世纪后期常见的几种做法本质上是经过改良的羞耻手段。许多教师试图避免把问题儿童送到校长那里，因为这样会扰乱课堂，并向校方发出管理失败的信号。以适度羞辱为替代方法因而变得更有必要。给教师的强烈建议是不要直接责骂捣乱的学生，而是通过提问的方式，反复大声说出他或她的名字，隐晦地让不良学生受到全班的嘲讽。另一个方案是向学生分发绿色、黄色和红色的卡片，附上个人姓名，然后将学生的名字放在不同颜色的卡片上，公开他们在某一天的表现。还有一个方法是将学生的进步情况绘成图表——阅读水平或算术——就像流行一时的"数据墙"（data wall）一样，将课堂练习成绩张贴在教室的显眼位置，用来激励学生，有人声称这明显是在羞辱而不是激励成绩较差的学生。[63]许多到处可见的课堂管理产品都在促进这类方法的发展。将少数族裔学生认定为可能特别需要羞辱的学生，这样的观念仍然很有吸引力——情感和等级制度继续悄无声息地联系在一起。

变化已经发生。传统的做法已经消失。跟过去相比，教师及其主管和社区观众都对羞耻更敏感了，他们原则上更希望代之以建立在学生自尊之上的正面刺激。但是这一转变并不完整，而且可能不得不如此。新做法得到了新论据的支持，羞辱成分被忽视了，一部分原因在于这种情感不再受到广泛讨论。过去一个半世纪大起大落的历史有助于解释和说明目前的模糊性。现代学校羞辱的历史是了解美国现实情感生活的重要窗口，其复杂性也成为一个主要例子，说明了现代消除羞耻运动可能遇到的来自既有团体和机构的更大阻挠。最重要的是，不断出现于校园生活的羞耻，仍然影响着许多年轻人的情感体验。按照经典模式，有人可能学习如何预判负面情绪并避免其发挥作用。其他人现在可能发现这些情绪的负面性因其迥异于个性和自尊的主流话语而变得更加复杂。

新的羞耻路径

最为重要的几个羞耻禁忌可能源于新的场合，尽管这些场合的类型相当不同。本节首先讨论了从19世纪末开始，出人意料地出现在男孩文化和集体运动相关环境中的羞耻感；其次，有关贫穷和商业失败的新的看法和可能性也改变了蒙羞的形式；最后更简单地说，美国政府试图利用羞耻的力量来解决特殊的征兵问题，这样的冒险举动耐人寻味。这些模式很多都在继续为羞耻文化提供支持，有助于我们理解20世纪60年代之后更加复杂的情况。

男孩，男人和体育

美国男孩的经验在19世纪发生了许多变化。尤其重要的是学校教育的兴起和基于年龄段的集体社交日益重要，这些群体通常渴望摆脱父母的监督，变得更加独立。在这样的背景下，许多男孩群体自发地形成了一套标准，反而将羞耻预期作为接纳的关键。词汇反映了这种模式。娘娘腔（sissy）一词在19世纪40年代出现的时候是姐妹（sister）的昵称，到了19世纪80年代，已经成为美国现代史上最重要的羞辱用词之一，就跟爱哭鬼（crybaby）等用语一样。不能克服恐惧的男孩，不能接受各种"胆量挑战"来证明自己勇气的男孩，会被丢脸地驱逐出去。以羞耻为胁迫，各种各样的新游戏考验着身在群体中的男孩。他们互相挑战，跳入深水，走过结冰的湖面，跑漫长的路程, 玩一种需要忍受被硬球砸的名叫"敲竹杠"（soak-about）的奇怪游戏。当然, 真正的男孩应该能够独自面对霸凌者, 屈服的人要感到羞耻。[64]

这种荣誉文化看起来显然是自发形成的, 是在新环境里确认男孩身份的手段。成年人担心后果, 于是利用童子军那样更有组织和监督的活动, 扩大学校监督, 逐步进行干预。不过, 羞辱文化肯定仍以某种形式存在, 男孩群体可以加以改造, 就像在重要的城市移民环境中那样。

然而说到最后, 最为悠久的男孩羞辱形式出现于19世纪末开始发展的有组织的体育运动。美国体育运动被刻意吹捧为男性的熔炉, 那个时代对女性角色和女性化的担忧为羞辱提供了绝佳的机会。称运动员"像女孩一样投球", 将表现不佳的队员称为"女士", 这样的说法可能很早就出现了。涉及同性恋的绰号也反映了这一时期公众对这一现象的羞辱在增加。[65]

与运动表现相关的结果在许多方面都有可能引起羞耻。运动员们互相嘲弄。至少在后来的20世纪, 父母会加入羞辱其他球队的行列, 间或也会提到自己令人失望的子女。

但是体育羞辱的焦点始终都是教练的所作所为。教练起初只是向年轻人传授诸如足球等陌生运动的规则和身体技能, 在20世纪开始起到更加重要的激励作用——因为他们反过来受到越来越多人的关注, 承受着越来越大的压力, 必须培养出常胜球队。因此, 20世纪头二十年在加州大学伯克利分校非常成功的教练安迪·史密斯（Andy Smith）, 经常在球队面前痛骂那些看着像是"半途退缩"的球员。有一次, 他严厉斥责一名跑卫没有一头冲向擒抱他的对手: "你为什么用你的屁股去撞线?"然后他一边踢一边把这个倒霉的跑卫赶出球场。哈佛大学的比尔·里德（Bill Reid）常常运用羞耻，不仅在公开场合，在给核心球员的短信中同样如此。他在1905年赛季前写给一名运动员的信中，试图通过羞耻来刺激他。"以你庞大的身躯和出众的体格，你有巨大的潜能，只要你愿意控制你的身体"，"你现在的态度像是傲慢的冷漠，一种'行吧，如果方便的话，我会加入球队'的态度"。当这名运动员在跟耶鲁大学的比赛前斗胆说出微积分成绩对他更重要时，里德公开回应："我不明白怎么会有人觉得还有比打败耶鲁大学更重要的东西。"

实施羞辱的方式通常是咆哮和辱骂，这也是许多教练的风格。这一方法将会深入人心，可能随着20世纪50年代阿拉巴马州的贝尔·布莱恩特（Bear Bryant）或篮球界的鲍比·奈特（Bobby Knight）等人的表现而达到顶点。尽管有人怀疑这种策略能否应用于成年男性，但这种做法被文斯·隆巴迪（Vince Lombardi）这样的橄榄球传奇人物输出到职业体育中，他不仅用羞耻对付表现不佳的球员，还羞辱超重参加赛季的球员，棒球界的汤米·拉索尔达（Tommy Lasorda）也这么做。美国硬派体育运动的兴起显然以一系列新的方式将羞耻制度化了。美国民众虽然对现实情况所知甚少，但依然对从业者大加颂扬，不仅因为他们取得了胜利，还因为他们的坚韧精神值得称赞。[66]

传统观点认为，体育羞辱从20世纪60年代开始逐渐消退，部分原因是非裔美国运动员受到民权运动的激励，根本无法忍受这样的过分要求。当然，可能越来越多的教练开始有意识地抵制羞辱，指出羞辱作风导致的可怕后果：自尊受到侵蚀和不顾伤病坚持比赛的鲁莽行为等，为此形成了一场浩大的运动。

但这种做法并未消失，还蔓延到其他运动项目，影响到高中和大学，而且耐人寻味的是，随着参加运动的女性群体扩大，她们也越来越多地参与其中。所以在21世纪初，一位女子游泳教练在队员表现不佳的时候，当着全队的面训斥她："你没有忠于这个团队。你今天的表现令人无法接受。你让我失望了，也让你的队友失望了……现在我要你向你的队友道歉，因为你让大家失望了，表现太差了。"如果教练没有试图羞辱他们，各个运动项目的大学运动员都会表示惊讶——这证明了一种有趣的接受和管理情感的能力，也证明了看似过时和应受谴责的情感处理方式的持久性。[67]

失败羞耻

贫穷和商业失败中的羞辱与体育羞辱完全不同，因为它没有明确的观众——羞耻的实施者反而存在于受害者的头脑中，他们想象着一个充其量是模糊的共同体。这在某种程度上涉及荣誉的概念，但跟驱动男孩和运动员的不一样。不过在这两种情况下，新的或大体上新的标准意味着情感体验正在酝酿着重要的变化。

在19世纪，两方面的发展给经济失败带来了新的焦虑和感到羞耻的可能性，尽管这两方面在西方文化里谈不上新颖，但肯定都得到了极大的强化。商业失败的可能性提高了：19世纪成立的企业大约有一半会倒闭，所以商人很容易暴露自己的无能。随之而来的是不断发展的商业信用评级系统，尽管原则上是保密的，但这会提高人们的意识，社会正在关注自己，失败者会受到新的声誉惩罚。无论是否得到足够掩饰，信用报告都会带来强烈的羞耻感，像"毫无价值，且永远都是如此"这样的短语很常见。正如一位历史学家所说，人们普遍认识到,最大的失败莫过于"没有达到标准"。[68]

贫困的可耻性(shamefulness)更为广泛。占主导地位的中产阶级职业伦理清楚地表明,人是自己财富的创造者,没有发家致富的人只能怪自己。正如英国作家塞缪尔·斯迈尔斯(Samuel Smiles)所说:"贫穷是那些没有能力养活自己的人的命运。"尤其是在美国文化里,充其量也没多少机会去责怪厄运、社会或出身地位。毫无疑问,许多工人至少已经内化了部分由此而来的羞耻,不仅在19世纪,在20世纪同样如此。"如果我能做得更好,比方说如果我有点成就,就不至于被人指指点点。"或者就像一个清洁工所说:"这就是我自己的问题。"[69] 讽刺的是,饱受失败羞耻折磨的工人却有可能强化对他人的情感约束,就像20世纪对福利受领人的普遍鄙视一样——就算没有额外的污名,他们也会感到强烈的羞耻。

正如羞耻作为一种更加普遍的情感一样,失败的羞耻感可能很难摆脱,因为它不像罪感那样可以轻易修复。[70] 尽管文化背景清晰可辨,但要判断这种情感的普遍性仍然困难。研究这个问题的学者,比如理查德·森尼特(Richard Sennett),倾向于将令人信服的概括与相对较少的特殊例子结合起来。但我们知道羞耻令人痛苦,而且不仅是通过零散的引文。早在1819年,美国就已发现因生意失败而自杀的现象。[71]

显然,现代羞耻的不同来源可以互为奥援。教师发现学生在学校的不良表现,有时加以羞辱,这样就会形成一种疏远的感觉,并延续到学生以后的事业之中,提高了现实或想象的失败概率,还有可能导致怨恨。在男性亚文化中取得成功可能有所裨益,最明显的是利用运动天赋和勇气,但这些结合很复杂,要确保成功并不容易。[72]

战争和羞耻

并不令人惊讶的是，战争创造了新的或再次出现的机会来体验或利用羞耻感。美国南北战争期间，联邦军队用布做的字母给一些士兵贴上"酒鬼""逃兵"或"无赖"的标签。南方邦联军体验到了一种不一样的羞耻，他们无法阻止联邦军队破坏他们的家园和家庭，特别是在谢尔曼进军（Sherman's march）期间。无论是在南北战争还是一战期间，可能被贴上懦夫标签的羞耻肯定比勇气更能激发英勇行为。尽管新的观念，比如逐渐意识到战场压力，在一定程度上改变了羞耻在军事上的作用，特别是在二战及以后的战争中，但是两者的联系依然紧密。

少有人预料到，但很有启示意义的相关羞辱用法要到美国参加一战时才出现，那时候创新的羞辱手段才派上用场。问题是如何快速组建一支军队。南北战争时期的征兵并不顺利，而且从那时起这个问题就一直备受争议，事实上，许多新移民来美国就是为了逃避家乡的征募。但仅靠志愿兵是不够的，所以很快就需要进行登记。征兵人员为此披上羞耻的外衣。公开游行和表彰典礼都会点名表扬那些遵守新法律并报名参军的人，违反者至少会因不作为而感到羞耻。更重要的是，政府威胁要公布违反者的名字，公开称他们为"懒虫"。这种策略可能奏效：一名希望免于参军的新兵沮丧地说，如果不遵守法律，"再怎样以后都抬不起头了"。当然，一旦报名，羞辱可能会延续下去，因为教官公开羞辱新兵是教导无条件服从的一步。[73]

荣誉和体面的延续与改变，学校中有关羞辱的明确而矛盾的决定，还有羞辱的新途径，一起产生了一些公认的较为清晰的总体结论。羞耻确实衰落了，但是并不均衡，也不一致。这一改变虽然复杂，本身却很重要，也是美国不再愿意公开接受"不快"或负面情感的转变的一部分。同时，越来越多的人拒绝继续讨论羞耻，至少不愿直接谈论，回应这种仍然重要的情感因而变得更加困难，也更难标示和评估。19世纪中叶到20世纪中叶的这一曲折演变与一定程度的羞耻是人与生俱来的情感武器这一观点相契合。不过，与此更加一致的是在复杂的社会里，有明显的试图强调羞耻心的社会（有时候是政治）需求，通过鼓励情感预期来规训，树立榜样。即便已经减弱，羞耻感仍然有助于一些群体和机构建立身份认同。它继续体现等级制度，标示新的标准以显示低人一等和可耻（通常不用这个词）。如果不再直接用于支持道德，羞耻肯定会继续强化一些重要的价值体系，就此而言，鲁思·本尼迪克特的主张可能是对的。事实证明，这种情感的适应力显然极强。

与更加传统的社会相比，延续至今的羞耻会否因其没有那么受欢迎和被认可，也没有具体的表达，引发更多的问题？有些人肯定学会了如何根据环境应对不同的情感共同体，比如成功的运动员，他们在致力于将羞耻感降到最低的家庭中成长。矛盾的信号并不总会产生问题。但这是可能的，在羞耻不再衰落的20世纪末，这个问题变得更加紧要。即使在本世纪中，我们也可以断定，在连续不断的羞耻体验和有关这种情感及其社会作用的更大社会准则的有效性降低之间，已经出现了可能令人不安的鸿沟。例如，由于关于个人价值存在相互冲突的信号，学校里的羞耻体验可能比过去的更令人不快。然而，可以确定的是，在许多环境中，变革因为各种相互矛盾的新旧模式而更加复杂。

打击羞耻：更大的西方模式

美国的发展有不少特别之处，比如北方各州为了创建一个摆脱"旧世界"弊端的新共和国而产生的改革热情，但是推动重思羞耻的主要因素跟西欧是一样的。这是最后一个需要扼要评述的背景，这样才能更加深入地理解现代对羞耻和羞辱的复杂而空前的打击。

至今我们还没有按照前面讨论美国情况的思路探讨过欧洲的发展，例如，有关学校利用羞耻心的复杂性。[74]这是另一个进行历史比较分析的切入口。不过总体而言，19世纪欧洲限制羞耻的努力肯定了发生在大西洋彼岸的许多运动，也反映了任何这类回顾都会有的踌躇。整个西方，不止美国，都热衷于重思羞耻，在许多方面都迥异于差不多同一时期的东亚更温和的调整。

最重要的是，就跟在美国一样，启蒙运动的文化价值观在欧洲引发了有关羞耻的诸多传统公共用途的广泛讨论。因此，美国重思羞耻与欧洲法律和文化的创新在很大程度上是重叠的。总体而言，比较差异充其量是细微的。羞耻一词在英国的使用频率的变化与大西洋彼岸的基本一致：在19世纪初达到高峰，当时正在严肃讨论羞耻，尤其是在刑罚学中，然后在20世纪中叶开始相当平稳地下降——英国甚至在那之后继续下降。我们完全有理由认为有类似的因素在起作用：许多传统的羞辱形式似乎越来越过时，或者说肯定不受欢迎了。虽然英国人继续对公然的渎神和猥亵行为进行羞辱，并致力于利用这种情感来巩固体面度，但社会对羞耻的支持度显然开始下降。[75]

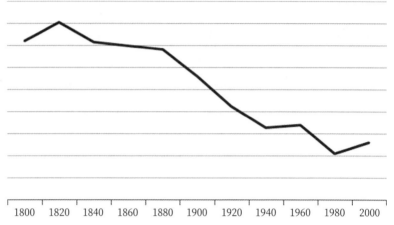

图表5　从19世纪到2000年，"羞耻"一词的出现频率。资料来源：谷歌图书词频统计器。

　　跟美国一样，在新思想和革命氛围的刺激下，法国反对羞辱惩罚的行动相对迅速。1789年废除颈手枷，取而代之的是更温和、肉体痛苦更少的示众形式，称之为"曝光"（exposition），而且这在1832年的另一场革命之后也被废除了。英国的讨论受到美洲殖民地个人主义转变的强烈影响，人们既希望保护不法之徒免受"野蛮"对待，又担心群众的反应变化无常。[76]英国在1816年将颈手枷的使用限制于作伪证和教唆他人作伪证，然后在1837年彻底禁止使用颈手枷（比美国国会的行动早了两年）。改革派反对有欠公允的示众做法，也指出了这种做法的不可预测性：有时候一个人遭到羞辱，只是鉴于群情汹涌，必须将示众"［变成］某种胜利"。在18世纪末，不止埃德蒙·柏克（Edmund Burke）一个人反对颈手枷，主要是因为它可能会煽动民众对示众的不法之徒过分施暴，即便犯下鸡奸等特别令人反感的罪行都不应该被这样对待。反对者的确指出了传统的重要性，即使在变化无常的群氓面前，示众仍然可以对其他人产生威慑作用。有人补充说，某些罪行如此"伤天害理"，就该承受随公开羞辱而来的不确定性。但改革终究取得了胜利。[77]

与更具改革意识的美国相比，英国反对使用足枷进行适度公开羞辱的运动略显迟缓。热心的改革者试图把注意力集中在诸如监狱这类替代方案上，当然，能将犯人运到澳大利亚这样的地方也可能导致更加复杂的系统变化。足枷的使用有所减少，但一直持续到19世纪后期。1860年，一个名叫约翰·甘布尔斯（John Gambles）的人在帕德西（Pudsey）被示众，罪名是在安息日赌博——虽然这种案例在当时非常罕见，以致路人都感到莫名其妙而不是去羞辱他。已知的最后一起案件发生在1865年，罪因是酗酒。有趣的是，英国的分析补充了减少公开羞辱的标准解释，因其指出有一段时间城市领导人非常渴望提高当地名声，所以特别关心如何让市中心成为大雅之堂，而非粗俗的司法场所。[78]

决斗在许多欧洲国家的存在时间极长，甚至远远超过了美国南方。有关决斗及其毫无意义的辩论与美国的相似，但可能很久之后才产生影响，其中羞耻的作用很大。法国的决斗者违抗禁止决斗的法律，以此表明，因为没有接受挑战而丧失荣誉是"一种非暴力死亡"。普鲁士因为有大量军官和公务员由大学的决斗社团供养，所以慢慢才屈从。到19世纪末，德国各地的狂热捍卫者有所让步，认为决斗只适用于最严重的侮辱——"当然"就是通奸。跟在其他环境中一样，改革者的痛斥受到了另一种观念的反对，即认为正在兴起的商业价值观是琐碎和堕落的——实际上，这样的对比反而可能强化了对荣誉概念的依赖。女权主义和包括女学生在内的女性角色日益增加，也在推波助澜。人们对懦弱的指责仍然非常敏感。一战造成的大量人员伤亡冷却了德国人的热情，但在接下来的20年里，军官和学生群体仍旧公然保留这种做法。只有二战战败和德国文化得到更深层次的重塑之后，古老的荣誉和羞耻观念才真正消失。[79]

对荣誉的留恋以及由此而来的对耻辱的反应，在其他领域依然兴盛不衰，这也在一定程度上异于美国19世纪的趋势，一部分原因是反映新旧元素更加混杂的社会结构。威廉·雷迪（William Reddy）分析了19世纪始终信奉荣誉观念的法国官僚和专业人士。即使在日益商业化的时代，重要的仍是遵守道德准则，而不是沉浸于失败的可耻后果，但这种联系的确存在。其实在某种程度上，就像在美国南方一样，许多法国的专业人士都觉得现代社会太过注重个人利益，有点可耻。决斗可能就是准则的一部分，而且这种文化肯定含有大量的厌女因素。[80]雷迪认为，只有经历了一战的动荡，加上之后无力维持包括性别规范在内的旧规范，这种持续不变的模式才终于消失。2014年的一项法国研究强调了19世纪羞耻感与信贷和债务评估之间错综复杂的关系，其中羞耻感可以用作约束商业行为的手段。我们已经在美国的信用报告中发现了类似的问题，但法国可能更加明确地提到羞耻。[81]

在这一点上，我们对欧洲背景下的其他变化了解得不多，例如育儿方法方面，但考虑到取缔公开羞辱的运动，我们有理由推测欧洲与美国的趋势应该会有不少相似之处。不过跟美国的情况一样，羞辱依然存在，这取决于当时的社会议题。在19世纪末的英国，奥斯卡·王尔德（Oscar Wilde）因其公然的同性恋和鸡奸行为而受到公开羞辱，其中不仅牵涉法庭审判，还有新兴大众传媒的报道热。有人认为，这是第一个狗仔队迫害的案例，他们急不可耐地用"严重猥亵"的故事来刺激公众。战争也能引发羞耻：二战之后，法国人给被控勾结纳粹的女性剃光头，这是一种典型的情感手段，也说明了尽管文化更迭，特殊危机依然可以导致羞耻的强势回归。[82] 羞耻在西欧的减弱或许比在美国更加缓慢，其中肯定有自己的一系列复杂因素。

将美国的反羞耻和羞辱运动看作更大的西方模式的一部分，再次凸出了其中的文化因素，因为大西洋两岸都在设法应对启蒙运动给情感生活带来的影响，这与东亚适应现代性的许多调整形成鲜明对比。因此，关于羞耻感的心理学研究不断出现重叠，也就不足为奇了，跨大西洋共同体建立在对这种情感的否定和许多共通的个人反应之上，前者在过去两个世纪里表现极其强烈，后者包括对羞辱囚犯的气愤和激进反应。除了一如既往地要求更加精确的比较之外，西方环境还会提出最后一组问题。正如我们在下一章中将看到的，20世纪后期从不同的角度重新审视了现代美国对羞耻感的反应，围绕这种情感产生了新的分歧和张力，这超出了几十年前的预期。欧洲人同样经历了其中一部分的革新；甚至在新的环境里，他们也会更加坚定有力地减少羞耻。比较仍然具有挑战性，只是如今新的兴趣点在于出乎意料的当代美国变体。

第五章
羞耻的复兴：当代史

20世纪60年代之后，美国开启了羞耻和羞辱历史的新时代。旧的趋势没有消歇：遏制羞耻仍然引发广泛的兴趣，例如心理学和许多社会科学研究的主流开始更加坚决地反对利用羞耻。但也有一些重要的创新，这种情感在一些社会场合起到了新的作用。相反，羞辱也在走向全球，在国际关系中出现了运用这种情绪的做法——尽管结果值得商榷。

本章的焦点是美国的发展。美国的一些趋势，其他地方也有，但在急于更进一步比较分析之前，至少也应该指出一些国家的特殊性。例如，美国没有欧洲那么努力限制羞辱，"羞耻"一词在美国的使用率极高，但在英国并不完全如此，尽管也有一些重叠。东亚社会依然高度依赖羞耻心，尽管没有美国那样的新举措。

美国模式错综复杂，有许多明显的相互矛盾之处。反羞耻运动仍在继续，可能重焕活力。各种治疗师更加积极地反对这种情感，并提出了新的治疗方案。我们已经看到，体育训练等场合的冷漠在20世纪60年代后被颠覆了，遭到了以个人尊严和效用为名的更系统的抵制。尽管学校依然摇摆不定，自尊运动却在逐渐升温，极大地影响了学生对自己地位和能力的设想。此外，这些趋势也有助于反对羞辱，或至少提高了敏感程度。

然而与此相反的是，一股新的法律潮流公开恢复了羞辱在刑罚学中的地位——美国领先于西欧的又一新趋势。几大因素汇在一起，促使以保守派为主的一些法官，利用公开羞辱来替代其他惩罚措施。这是实实在在的变化，也是新争端的来源。

羞耻和羞辱也在始于20世纪60年代的美国党派和文化之争中发挥了新的作用，在这方面，自由派和保守派都很活跃（没有多少互相认可的共同情感策略）。自由派喜欢羞辱政治不正确的提法，经常令罪魁祸首丢掉工作，特别是在娱乐业，也包括政界。保守派加强利用羞耻，例如针对真实或想象的对福利制度的滥用，还有人表示希望回到可以公开羞辱通奸这类行为的美好时代。为过去的边缘群体去掉可耻地位暗示的重要进展同样改变了羞辱，其中最显著的是同性恋，也包括残疾人。这构成了有关羞耻及其适用性和不当之处的复杂公共讨论的另一部分。

因为这是前一时期就很清楚的主题，所以各个群体也抓住了羞耻感，把它当成应对社会新问题的武器，这并不令人感到意外。羞耻被广泛应用于反肥胖运动，随之而来的还有对这种情感策略的抵制。羞耻也可以被用来对付犯环境罪者，效果各不相同。

最后，特别是在21世纪初，技术和传播媒体的变化为羞辱提供了海量的新机会。匿名且往往恶毒的羞辱行为利用了新的渠道，例如推特和脸书。

追溯这些不同的路径，包括持续的运动、法律应用、政治潮流和冲突、新的规训举措和传播模式，就能找到互补和矛盾之处。我们也要考虑实际的情感体验：随着羞耻的复兴，对它的敏感度是否有所减弱，还是说这种情感仍像前一时期中许多人所认为的那样，主要是一股破坏力量？还需要评估社会效果（包括单独评价全球活动）：羞耻是否再次发挥了更大的社会效用？实际上是否应该像有些人认为的那样，更加广泛地使用羞辱来应对困扰现代美国社会的各种罪恶和陋习？

此外还有一个因果关系问题，因为在西方社会，19世纪和20世纪初，在公认的复杂性中形成的羞辱趋势已发生了明显的变化。新技术和政治分歧发挥了关键作用：社交媒体导致公开羞辱变得比以往任何时候都更容易，同时，党派斗争则任意使用情感作为武器。在一个四分五裂的社会里，是否也有一个新的运动，尝试建立新型共同体，并利用羞耻来帮助定义和加强身份认同？越来越多的美国人生活在日益私人化的郊区，在那里很难辨认传统的羞耻观众，于是可能有人真正致力于发明新形式的羞耻，希望能够创造新的社会联系。[1]最后，羞耻的复兴在多大程度上反映了此前情感规训模式的明显失败？这方面包括了对一度受到吹捧（并且仍在大量使用）的监狱系统的幻灭，或者更广泛的感觉是，罪感这种已经在育儿等领域取代了羞耻感的情感，已经无法起到应有的作用。

羞耻是否也反映了美国主流国民性的更大转变？早在20世纪50年代，社会科学家就认为他们察觉到了19世纪出现的个人主义和自我参照（self-referencing）正在衰落，随着时间的推移，这很可能影响到对待羞耻的方式。在企业管理文化中，美国人对他人的意见变得更加敏感，反复检查以确保他们所做的事情不会被相关同事认为越轨。结果用大卫·里斯曼（David Riesman）的话说，许多美国人变得更加"以他人为中心"。[2]在此过程中，许多人也变得不那么注重隐私，渴望在脱口秀节目或后来的脸书上透露个人生活细节，但根据一些比较研究，他们也越来越喜欢收起一些可能不被更广泛的社会所接受的情感反应。例如，一项分析表明，美国人（与荷兰人或法国人相比）特别想要隐藏性嫉妒，忧心忡忡地向朋友打听自己有没有表现这种不得体的情感。[3]所有这些都不是羞辱的直接导因。事实上，用到这种情感时，关注名声可能会令人更加敏感和心生怨恨。但可以说，新的氛围使人更加依赖羞耻，利用这种情感来破坏人设就更有吸引力了，更多人接受将羞辱（他人）作为对社群标志新依赖的一部分。

无论国民性改变的论点多有说服力，隐私的改变是巨大的，而且这不仅仅发生在美国。德博拉·科恩（Deborah Cohen）描绘了20世纪30年代到50年代之间英国家庭生活的巨大变化。在这之前，出于羞耻和体面的考虑，家庭保守各种各样的秘密：同性恋、私生子、残疾、收养。但是这些障碍开始一个接一个地消失。20世纪30年代的报纸为"忏悔"提供金钱回报——例如，《每日镜报》的"你的丑事是什么？"专栏以"我毁掉了一个好女人的人生"这样的大标题来吸引读者的自白。婚姻咨询让人愿意与陌生人分享秘密而不会感到尴尬，流行的心理治疗则鼓励人们相信敞开心扉可以带来精神慰藉。20世纪50年代的一项民意调查显示，英国存在明显的代沟：50多岁的人坚持认为家庭应该是私密的，但对年轻人来说，隐私现在意味着能够按照自己的意愿过日子，而结果不一定保密。一个在大西洋两岸都能看到的结果是，媒体的侵扰性越来越强——对于富人和名人来说，这就是"狗仔队"——以及以公开忏悔为基础的新型电视节目。到21世纪初，一种被称为"痛苦回忆"（misery memoir）的新的类型写作开始流行。[4]羞辱正在寻找新的方式来娱乐大众。

这一重大转变至少在西方社会的某些方面，跟羞耻是矛盾的。一方面，与此相关的是越来越多的措施被用来削弱这种情感，支持在性行为等领域建立更灵活的标准，同时抨击同性恋等群体的羞耻感。换句话说，这一转变强化了打击羞耻的旧有趋势：对那些现在不应再令人感到羞耻的问题采取更加开放的态度是对的。另一方面，羞耻没有消失，公开忏悔可能再次给人可乘之机，抓住轻率的言论，将其变成前所未有的羞辱炮轰——尤其是在新媒体可能被拖入战局的时代。[5]毫无疑问，可能转化为羞辱狂热的不仅包括窥探他人思想的新能力，还有那样做的新渴望。在接下来的章节中，我们将会同时看到这两面——羞耻感的放松，以及对倾诉欲的利用。

尽管论者热衷于准确程度不一的历史乱弹，但整体结果根本不是回归传统的羞耻模式。议论的时候把羞辱事件当作"中世纪的"（其实更准确的说法是"现代早期"），或者哀叹过去公开严厉惩罚通奸的美好时光，都是新的羞耻辩论的一部分。然而事实上，这是一场辩论，而不是全面恢复大家同意的社会标准，仅这一点就使新的氛围与众不同，而且可能特别令人恼怒。有争议的不只是价值观，比如环境恶化是否可耻，什么时候才应该把个人爆料变成社交媒体的长篇谩骂，光是对羞耻心的利用本身就会产生不同的看法，这取决于个人，有时候也取决于讨论的议题。

可以说，无需夸大当代美国历史上扩大使用羞耻心的意义，新的趋势既反映又强化了情感预期和互动方面的重大变化。这当然引起了争议，造成了相当的混乱。现在不同的群体和不同的环境在涉及羞耻的时候，都会产生令人印象深刻的相矛盾的冲动。

变化的信号

这些数据在一定程度上是绝对清晰的。羞耻再次成为美国的流行用词，而且开始赶上罪感，后者的使用频率稳定不变，并在20世纪后期有所下降。从图表6和图表7可以看出，谷歌图书词频统计器和"《纽约时报》纪事"数据库显示，从20世纪60年代（《纽约时报》）或80年代（谷歌）开始，羞耻的出现频率有了显著而持续的增加——《纽约时报》的数据可能特别有启示意义，因为从中没看出任何特定南方地区的数据有明显的激增。[6]

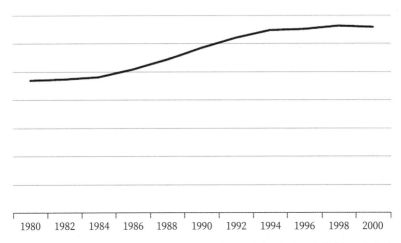

| 1980 | 1982 | 1984 | 1986 | 1988 | 1990 | 1992 | 1994 | 1996 | 1998 | 2000 |

图表6 从1980年到2000年，"羞耻"在美国英语中的出现频率。资料来源：谷歌图书词频统计器。

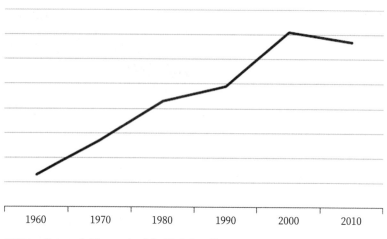

图表7　从1960年到2010年，"羞耻"在美国英语中的出现频率。资料来源："《纽约时报》纪事"数据库。

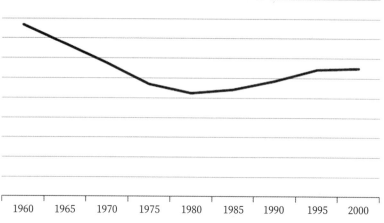

图表8　从1960年到2000年，"羞耻"在英国英语中的出现频率。资料来源：谷歌图书词频统计器。

英国的趋势略有不同，羞耻的出现频率在20世纪后期略有复兴，但接下来更明显地趋于平缓（图表8）。美国不彻底的转变同样发人

　　　　　　　　　　　　　　第五章　羞耻的复兴：当代史

深思。[7]当然, 提及频率并不指向任何特定的方向, 尽管这确实跟那些继续坚持该词已成为禁忌的认真的社会科学家的观点相左。不过, 这种模式至少引起了进一步的分析。讽刺的是, 羞耻重新受到关注, 这既是因为更多人致力于平息这种情感, 也因为各种或明或暗的拓展尝试。

仍在进行的反羞耻运动

许多因素促使19世纪初开始的反羞耻行动得以继续, 甚至愈演愈烈。我们可以看到, 在第二次世界大战之后, 即便仍有较为温和的羞辱压力, 学校对公然羞辱的敏感度也明显提高了。在课堂上点名批评学生的教师可能受到家长和社会的制裁, 还可能失去工作——有时候甚至受到匿名的死亡威胁。

对问题教练的曝光增加了。越来越多的著述揭露羞辱运动员的弊端及其对士气和实际表现造成的损害。专注于更加正面激励的教练成为榜样。效果同样参差不齐, 羞辱依然存在于许多场合, 但之前从未有过如此公开的反对。

反羞耻运动也扩展到了新的领域, 尽管没有完全达到目的。鼓励有家人自杀或面临成瘾问题的家庭拒绝羞耻或指责, 羞耻的情感负担不应蔓延到更大的群体。个人也需要保护, 以免受到羞辱。心理治疗的需求不再被认为是可耻的, 在这个有趣的领域, 不断变化的美国标准与东亚地区始终如一的观念截然不同, 后者仍然认为寻求治疗对家庭和直接相关的人都有不好的影响。[8]西欧和美国付出了巨大的努力去减少任何与艾滋病诊断有关的羞耻。这是又一个将普遍的反羞耻运动与鼓励受害者寻求帮助的具体需求相结合（也是为了减少感染）的案例。[9]

　　一些传统规范进一步松动了，这个早已启动的进程同样有助于反羞耻行动。即便对于女性来说，通奸和婚前性行为引发的议论也比20世纪30年代少得多，这意味着对羞耻的需求更少了。就算对私生子都有可能逐渐不置一词——如果他们是单身中产阶级妇女渴望体验为人父母的乐趣的产物。当然，改变有一定的局限性：儿女众多、领福利救济的母亲仍会招来羞辱评论，对此，她们大多心知肚明。荡妇羞辱说明旧的价值体系和性别差异依然存在，对此下文将会加以探讨。新的元素确实有。性犯罪者现在通常不会受到公开羞辱，但即使已经服刑完毕，余生都要向警方登记。这是一个当代的烙印，有人认为这过分了，尤其考虑到法律规定的性犯罪范围之广。对工作场所骚扰的担忧受到了更多的关注，尽管惩罚通常不会强调公开羞辱。不过总体而言，尽管有新的注意事项，在美国，羞耻和性可能比以往任何时候都更不相干。

　　事实上，羞耻和可耻性在另一个性领域受到了直接打击，这是20世纪60年代以来的女权主义浪潮的一部分，尽管从90年代到现在才愈演愈烈：呼吁强奸受害者克服一切羞耻感，承认受到过暴力攻击，而且犯罪责任完全不在她们。羞耻感不应妨碍她们寻求公义，也不应该破坏她们的生活。这些建议显然没能改变多少受害者的情感现实，仍然有人试图隐瞒，但充分而清晰地表明这与限制羞耻的大方向一致。[10]

　　羞耻同样会因为提高自尊运动的稳步发展而受到破坏，这并非完全不可能，那是另一个起源较早，但从20世纪60年代开始到现在才得到更系统关注的主题。学校的教学大纲乐意突出这种正面激励，为学生提供一系列他们至少有可能取得一定成绩的活动，并夸大成绩以产生更喜人的结果。家长也做出回应，他们更热衷于学习育儿指南长期以来强调的对良好行为的正面激励。出现于20世纪最后十年的所谓的直升机养育方式（helicopter parenting）*，要求父母为他们的子女谋求成功的机会，同时积极保护他们，反对没有给予他们应得荣誉的学校或其他官方机构。

不管怎样，这些努力都得到了回报。2013年的一份报告指出，美国大学生重视提高自尊的机会多于包括性在内的其他任何乐事，作者认为这种关注几乎到了痴迷的程度。民意调查显示，高达80%的美国年轻人认为自己在这个世界上是重要的。美国学生往往比其他国家的同龄人更加相信自己的考试成绩高于实际成绩。尽管美国青年面临众多的不确定因素，但自尊是有价值的东西。[11]

没有必要继续深究这方面的美国文化，羞耻受到的影响显而易见。自尊心的提升令人更加抗拒羞辱行为，结果自然就是羞辱的减少，当然也激发了人们对它的怨恨，甚至是反抗，而非默许。可以肯定的是，过度表扬提高了一些孩子的个人期望值，这可能会给他们自己带来压力，甚至更加容易受到个人羞耻感的影响，尤其是在学校教育的后期阶段，那时他们会发现其他人同样出类拔萃。即便在这方面，自尊心提高之后，至少对羞耻的反应变复杂了。许多父母深受这股潮流的刺激，决意保护他们的后代免受羞耻的任何影响。这些加在一起，形成了羞耻应该继续不断减弱的氛围。[12]

---

* 指过分介入儿女生活的养育方式，父母像直升机一样时刻盘旋在子女的头上。

其他三个方面的革新更加具体地聚焦于减少羞耻,为20世纪末的羞耻争论提供了重要的素材。

专家倡议

专家学者越来越相信羞耻有其弊端,比如日渐得到公认的羞耻感和罪感之分,他们不仅开始研究羞耻对自我形象的影响,还鼓励那些钻研替代方案的学术项目。

大胆引入替代羞辱的美国监狱,早已成为羞耻和屈辱的场所。做法当然有所不同。广义的心理健康问题往往无法得到治疗,原因仅仅是缺乏关注。监狱看守常常以明目张胆的羞辱为乐。旨在贬低和侮辱囚犯的脱衣搜查是家常便饭,至今仍然如此。为了进一步在他们的同辈面前对其进行羞辱,囚犯进餐之前可能不得不脸朝下趴在食堂的地板上。

在这种情况下,心理学或精神病学专家至少偶尔会介入,他们深信暴力的根源是羞耻和缺乏尊严,其他的情感方法既可行也可取。因此,从20世纪80年代开始,詹姆斯·吉利根(James Gilligan)致力于改变暴力和自杀比例特别高的马萨诸塞监狱的体制。他甚至对罪大恶极的犯人都保持尊重,因为他意识到他们需要维持或重获尊严感:"我的工作不是让他们感到屈辱。"在他看来,酿成暴力行为的首先是羞耻及其对自尊的破坏。取代这种情感是改造的关键第一步。事实上,囚犯对此反应积极,内部犯罪迅速减少,判决后的行为有了明显的改善。[13]

其他心理学家也以类似的方式工作。琼·坦尼(June Tangney)并不满足于记录羞耻感和罪感在监狱人口中的不同结果。她和同事们与法院和监狱官员合作，改变了对待囚犯的方式，提供更加有效的治疗服务，首要目标是克服先前羞耻的影响。西欧部分地区也有类似的做法，那里关于羞耻的破坏性影响的研究结果与美国如出一辙。[14]

毫无疑问，改革行动的力度并不大，许多监狱和囚犯仍然没有受到影响，美国的囚犯人口甚至继续膨胀。尽管如此，努力寻找新的方法是克服羞耻的重要一步，不能像过去那样仅仅依靠指南。

更多疗法

运用新方法帮助人们克服羞耻的大众运动日益壮大，它超越了刑罚专业知识，但又体现了许多相同的基本思想。在2000年之后的几年里，社会工作者布勒内·布朗（Brené Brown）是这场运动的主要推手，她出版了很多书，还在奥普拉·温弗里秀（Oprah Winfrey Show）等场合露面。布朗在TEDx上关于羞耻和脆弱的演讲，至今浏览量已经超过700万次，这以任何标准来看都令人印象深刻。[15]

布朗提出，必须毫不隐瞒地正面处理羞耻感，这超越了过去避免或回避这种情感的建议。这种方法无疑有助于理解为什么羞耻一词在衰落几十年之后，再次开始流行。最引人瞩目的是，布朗与有关专家和推广者不仅促进了对羞耻的破坏性影响的研究，还尝试制定补救指南和疗法（如果可行的话）。

布朗发现在她的研究对象中，羞耻就是不折不扣的主导情感——她称之为"无声的流行病"。不管问题是做一个好父母、拥有适中的体型，还是在学校表现良好，羞耻感都无处不在。这些发现主要来自访谈，如果她是对的，她的成果可以有力地提醒大家，无论早前的反羞耻行动多么重要，都只触及皮毛。这些努力究竟有没有产生影响，或者说有没有被其他提高美国人敏感度的发展所抵消，比如对身体形象的日益关注？布朗的受访者（最初主要是女性）用了"崩溃""极其痛苦""被排斥""被贬低"或"渺小"等词描述羞耻体验。她们似乎能够敏锐地区分耻感与罪感，认为后者是对不良行为的反应，前者的重点则是不良自我。（这种显著的复杂性令人吃惊，尽管应对羞耻感的指南已经出现一个多世纪，布朗的受访者可能依然不甚了解如何处理这种情感，但他们似乎对心理学上的细微差别有着深刻的理解。）[16]

难怪布朗跟卡伦·霍尼（Karen Horney）和保罗·特劳特（Paul Trout）等当代观察家看法一致，用特劳特的话来说，羞耻感是"我们时代情感痛苦的主要原因"。[17]羞耻感是我们无法正常饮食的原因，即使我们知道该怎么办。它令人假装一切安好，但实际上并非如此。它隐藏在金钱问题、毒瘾、性、衰老、宗教等无数场合之中。"羞耻感是那种冲刷着我们的温暖感觉，它令我们感到自己渺小而有缺陷，永远不够好。"这是我们拥有的最原始的一种情感。它是共情等值得拥有的品质的反面——因为只有那些无法进行友好的人际交往的人才能避免羞耻。[18]

但是这种情感不仅有害，而且隐蔽。因为大家都不谈论羞耻。布朗说，她的受访者最初一致坚持她们不想讨论羞耻，同时又表示她们每天都受到这种情感的困扰。正因为羞耻根植于别人会离开我们和发现我们不够可靠的恐惧，我们总是不谈羞耻——我们害怕一旦说出来，别人就会真的抛弃我们。"我们不用经历羞耻就已被它吓到不知所措——害怕被人认为毫无价值, 这足以迫使我们对自己的事情保持沉默。"[19]

布朗提出了一种称为羞耻复原力理论（shame resilience theory）或者"说出羞耻"的治疗方法。用开诚布公驱除羞耻感。每当羞耻感出现, 就坦然跟朋友和同事谈论。如果布朗在工作中感觉受到同事的羞辱, 感到"渺小和愚蠢", 她就会冲回家, 把事情发到脸书上。她肯定会收到20条陌生人的附和评论, 表达相似的挫折感："讨厌发生这种事, 我也遇到过, 兄弟你不是一个人。"（我们不知道这一过程对冒犯者有何影响, 也许他或她会因为同样的公开讨论而感到羞耻？ 在这方面, 羞耻的平衡也可能是极其复杂的。）[20]

尽管建议不够明确, 这种方法仍应延伸至育儿领域。父母显然不该羞辱孩子。他们应该防止孩子观看含有羞耻意味的电视节目。但他们不能完全控制学校或体育活动场合, 而羞耻可能侵入这些地方。因此, 教导羞耻复原力, 使其学会描述羞耻并联系他人寻求**支持**, 就变得极其重要, 这是对过去育儿建议的有趣扩展。

因此, 羞耻复原力包括提高批判意识, 这样一个人就会对任何羞耻体验都保持警惕, 并且愿意清晰地描述它。但是之后必须予以公开、广泛讨论。"关于羞耻复原力, 我们需要知道的第一件事是我们越不谈论羞耻, 我们就越容易感到羞耻。羞耻在隐瞒的本能中茁壮成长, 而隐瞒无疑也是因为羞耻：当一些羞耻的事情发生时, 如果我们把它关起来, 它就会发酵和成长。"人都需要朋友和知己, 可以向他们讲述自己的故事。"他们尝试倾吐, 和他们信任的人分享他们的故事。他们说出羞耻, 他们使用羞耻这个词, 他们谈论自己的感受, 他们请求满足他们的需求。"在这个过程中, 他们不仅克服了羞耻感, 还发展出了更强的能力和同情心。[21]

到了21世纪初，布朗和几位同事通过写作和演讲推广他们的方法，赢得了大量的受众，除此之外，他们还提供在线课程和广泛的咨询服务。布朗的组织"勇敢之路"（the Daring Way）为那些希望自己在情感上变得勇敢、不再软弱的商务和专业人士提供培训和认证。直接打击羞耻的想法显然引起了广泛的共鸣。

反羞耻运动的这一发展，相当明显地突出了另一个引人注目的特点。被羞辱的人受委屈了。羞辱是"残酷的"；它从来不会带来长久的进步，因为它会伤害各方。没有必要关注引发羞辱事件的行为，因为回顾这些无助于解决关键问题。羞耻的有害情感体验和争取支持的需求压倒了任何不端行为。就此而言，传统的羞耻感被颠倒了，施加羞辱者感到了羞耻。[22]

拒绝可耻

传统社会重视和利用羞耻，通常还会认为某些群体生来就相当可耻（shameful）。结果可能起到重要的情感作用，例如让一些人准备好体验羞耻，甚至至少能在温和的情况下，接受羞耻。

这种方法甚至早在19世纪就受到了质疑，尽管大部分是间接的。争取女性权利乃至平等的团体显然对任何女性应当承受集体羞耻的思想都表示怀疑。由于牵涉的问题更大，目标就变得模糊不清。女性气质得到了更加全面的重新定义，尤其是越来越多人认为女性更有家庭美德，甚至更有道德，这也瓦解了传统父权制关于可耻性的假设。这当然不意味着女性没有继续背负一些特殊的包袱。连布朗这样的当代调查者都提出了羞耻体验与性别不成比例的问题。但总体而言, 女性美德和女权主义的双重进步至少动摇了过去关于可耻性的假设。[23]

至少在20世纪后期, 这一点也适用于种族（race）和族群（ethnicity）。黑人骄傲运动（Black Pride）是民权运动的一部分, 比女权主义更直接地触及羞耻问题, 但在这方面, 焦点同样不止一个。某些群体应该容易感到羞耻, 或者被白人社会认为容易感到羞耻, 对这种观点的挑战固然有, 但不成体系。

在1969年美国石墙暴动（Stonewall riots）开启的同性恋解放运动中, 对羞耻的回应更加直接。在实现性自由和平等权利的行动中, "同性恋骄傲"成了集会的口号。同性恋领袖既反对个人羞耻, 反对自我认同可能产生的令人生畏而且往往是危险的自卑感, 也反对社会大环境带来的群体羞耻感。在接下来的半个世纪里, 随着这场运动发展壮大, 战胜这种情感成为统一的中心主题。

同性恋一直以来都被认为可耻, 至少在基督教传统中是这样。在大城市里, 同性恋活动通常隐藏起来, 尽管团体凝聚力可以在一定程度上帮助个人抵抗羞耻。在20世纪初的美国, 反对同性恋的公众压力越来越大, 其中一个原因是越来越多人认为人要么是异性恋, 要么是同性恋, 没有中间灰色地带。19世纪盛行的热烈情感乃至有时身体亲密的同性友谊模式, 现在受到了挑战, 许多大学生年纪的人花了不少时间仔细检查自己的冲动, 确保没有可耻的倾向。[24]

在这样的背景下, 在战后几十年, 尤其是在20世纪60年代之后, 民权运动或者说更为广泛的世界人权运动蓬勃发展的背后, 都有更加有力的论据, 这给人以新的希望和机会。羞耻现在可以成为攻击的靶子。同性恋骄傲游行的用意在于对抗个人羞耻, 同时挑战更大的社群，迫使其重新审视自己将羞耻强加于人的倾向。在《GLQ：同性恋研究》创刊的第一篇文章里，伊芙·科索夫斯基（Eve Kosofsky）认为，酷儿的身份和抵抗都源于羞耻的体验。质疑羞耻，但承认其力量，这对更深入地探讨同性恋的意义可能至关重要。[25]

这一概念仍需谨慎对待。许多同性恋领袖担心过多探讨羞耻可能重现同性恋受忽略和被社会蔑视的悲惨过往，不断地从正面强调自豪似乎更为重要。一个始终存在的更大担忧是反羞耻的努力会从个人和集体层面限制同性恋。同性恋行为的某些方面可能助长了旧的刻板印象，现在需要淡化，以维护并不可耻的新公共形象。然而部分同性恋领袖甚至想要利用羞耻感来挑出同性恋社群的伪善者。因此，连续两次在旧金山举行的"同性恋之耻"集会呼吁同性恋者反抗那些利用运动为自己谋利的领袖，比如政治家或房地产大亨。不仅如此，"同性恋之耻"集会还鼓励一些同性恋者提出在最初的公共关系运动中被掩盖的特殊主题和问题。可以说，对跨性别者问题的关注增多就是这次重新探讨的结果之一。

同性恋羞耻依然复杂而有争议。特别是对许多青少年和大学生年纪的人来说，身份认同与决定是否或如何表明身份的张力，仍会给人带来痛苦的羞耻体验。广泛宣传的艾滋病问题一度为那些保持羞辱姿态的人提供了新的素材。相应地，同性恋羞辱无疑有所减少，但依然具有强大的影响力——足以迫使一些人自杀，比如2012年罗格斯大学的一名学生，在室友将他的同性恋视频发到社交媒体之后自杀。[26]

但毫无疑问，文化转变在西方多数国家都获得了出人意料的影响力和成功, 羞耻因而面临新的广泛的挑战。同性恋者自己表示,"身为同性恋的羞耻感已经消退","许多人开始重新思考羞耻","我们可以和同性恋羞耻说再见了"。[27]这对任何认为可以而且应该根据特殊的羞耻负担将某些群体辨别出来的观点来说,都是一次重大挫折。

残疾与可耻性的联系没有那么声张, 但是作为这波潮流的一部分, 同样陷入争议。这是最为古老的群体羞辱传统之一: 残疾本身就是可耻的, 他们使生养他们的家庭蒙羞。在美国和欧洲, 残疾人的发言人不再使用谦卑的论据要求更多平等待遇, 比如恰当的教育和工作机会, 转而主张正面的身份认同。这一转变适用于身体和精神残疾。

因此, 在20世纪40年代和50年代, 围绕当时被称为智力障碍的问题形成了新的团体。家长与该领域的专家同心协力, 克服羞耻和绝望情绪, 同时也试图说服更多的人相信智力障碍是社会问题而不仅仅是个人问题。美国全国智力缺陷儿童协会(the National Association for Retarded Children)于1950年成立。按照新的观念,"智障的"人是正常的, 不是需要藏起来的可耻对象。他们有权利接受培训, 从事适当的工作。公众的责任是给予适当回应, 而非情感攻击。[28]

攻击群体可耻性的运动显然建立在许多相同的动机之上, 而这些在其他场合也提出了对羞耻的质疑。这种情感是有害的, 不可接受的, 必须彻底检视传统的标准。

根除羞耻的进展令人印象深刻, 而且意义重大。这为一个多世纪以来形成的趋势添加了知识、策略和广度。这大多数其实都是早期的努力受益于其他变化的自然结果，例如推动人权。当然，这些没有全部获得成功。事实上，这方面很有可能就跟其他历史经验一样，提出一个问题的新尝试唤出了更多此前就已确认的症候。至少在西方文化中，终结羞耻不仅很难，还有可能使其看起来更加不祥。

不过总体方向似乎足够清晰，羞耻不断受到批判审视。但正如之前所指出的，这并不是过去半个世纪的全部情况，至少在美国不是。当新活力和旧动力已经融洽一致，复兴和利用羞耻感的做法却通过不同的途径也带来了新的影响力，就更加令人吃惊了。

扩展羞耻：新旧目标

限制羞耻面临的第一个难题最不令人意外，因其不过是我们之前探讨的19世纪后期模式的更新版本。尽管羞耻在许多时候都受到抨击，美国人（和其他人）开始发现新的问题，一些看来需要用羞耻感来回应的问题。某些情况下，牵涉其中的人跟反对这种情感的运动没多大关系，但在其他情况下，他们和两边都有关联，一时谴责羞耻，一时扩大羞耻。有关羞耻的矛盾不仅明显，而且根据明白无误的历史经验，也不足为奇。

许多观察者指出，适度的羞耻感继续适用于许多新旧领域。如果有其他人在场，男性更有可能在公共厕所洗手。当车内有其他人时，安全带的使用率就会上升。这方面的羞耻焦虑是轻微的，不是布勒内·布朗级别的灾难性焦虑，但这些例子让人想起仍在延续的称得上建设性的敏感度。人们可能还会发现其他用途，将这种情感扩展到意想不到的日常领域。因此，一家健身房意识到锻炼狂人可能会吓到那些能力较弱的人，就会安装一个"笨蛋（lunk）警报"系统，羞辱那些过于努力的人。[29]

更为重要的延伸领域是高校，行政人员寻求有效的方式来惩罚和警告教师的科研不端，以免其走到被解雇的地步。那补救措施呢？如果情况不严重，就要求剽窃者公开撤回，通常是在其初犯的杂志上。（不过有趣的是，羞辱的方法还没有被应用于学生抄袭。）在另一个正在扩大的领域，2008年金融危机之后，美国证券交易委员会一直要求企业公开报告薪酬比例。他们的想法是扩大知情范围能够遏制高管薪酬与其他薪酬等级之间日益扩大的差距，其他策略似乎都做不到这一点。正如一个消费者智库所说，结果"将是一种公开的羞辱，就像所有糟糕的财务业绩都是公开羞辱一样。……［薪酬失衡］是可耻的"，并有些隐晦地补充说，"欢迎加入资本主义"。[30]

当然，在某些情况下，多样的羞耻更多反映的是早期模式的延续，而不是现实策略的扩展。因此，一些群体在美国其他社会阶层已经重估过的问题上依然会感到羞耻。例如，美国疾病控制和预防中心的研究强调，一些少数族群，特别是其中的年轻人，仍然耻于寻求心理治疗。对整个美国社会来说，这无疑是另一种正在改变的污点，而某些亚文化仍在抵制。

但是谨慎的策略也经常发挥作用。20世纪后期出现了几个新的问题，羞耻或羞辱可以在这些问题上发挥作用。禁烟运动基本聚焦于健康问题和个人缺乏足够自制力去戒烟的潜在罪感，但是羞耻也有可能介入。出于对二手烟有争议的影响的愤慨，将吸烟者孤立在室外，这类社会惯例可以说包含了明确的羞辱因素。这是一个可以而且应该使他们相信自己行为是可耻的新群体。

环保议题开辟了另一片疆域。在学校活动的推动下，许多孩子乐于羞辱他们的父母，令他们更加热衷于回收利用或采取其他形式的环保举措。前言提到在加州的环境危机中，社会羞辱就被用来指认过度用水者。

但是，肥胖羞辱凸显了最引人注目的情感目标，它起源于20世纪初，直到世纪之交的几十年才迎来全面的情感爆发。这称得上是一个合理的担忧，对社会和个人都有影响。这也是一种指认哪个群体应该对其可耻性保持敏感的新手段：例如，如果一般女性出现在这一类别里，那么超重女性就会成为很便利的替代者。换句话说，"肥胖羞辱"可能结合了新的问题识别与更大的社会需求使人们在情感上对肥胖产生可接受的蔑视。

过度肥胖的人以前就被嘲笑过，但从19世纪末开始，体重问题重新引起关注。医学和精算数据都指出了体重超标的健康风险。时尚标准开始强调苗条，例如世纪之交关于女性应该继续穿紧身胸衣还是应该自己管理身材的讨论。现代工业社会面临一个新的问题：大部分人口现在都能获得过量的食物，而且生活中许多方面的活动量都变得很少。各种团体都被动员起来，试图解决这个问题。

在20世纪初的几十年里，肥胖羞辱的例子比比皆是。明信片上的胖女人压倒了她们倒霉的丈夫。移民群体因体重过大而被嘲笑——新和旧的羞辱对象就这样结合起来。女权主义者可能会被针对——伊丽莎白·卡迪·斯坦顿（Elizabeth Cady Stanton）不合时尚标准的身体形象经常成为焦点。[31] 与此同时，苗条的电影明星和时装模特越来越受欢迎，成为一个日益鲜活的替代标准，可以用来衡量许多群体和个人。连医生都逐渐把体重作为健康问题来关注，并表示他们往往厌恶那些似乎无法控制饮食的病人，他们可能会在看诊中同时提供一些苛刻的建议和羞辱。[32]

从20世纪50年代开始，肥胖羞辱从偶发事件变成了更大范围的社会困扰。事实上，超重不利于健康的数据变得越来越清晰，同时肥胖率（包括成人和儿童）却继续攀升。新的审美标准反映了这一困境，注重苗条，肥胖比以往任何时候都更容易等同于丑陋——一个世纪以前，丰满还意味着健康和富足。特别是在美国，肥胖逐渐跟道德缺陷、无法控制本能，甚至可能是某种心理缺陷联系在一起。对于肥胖问题特别突出的某些少数族裔或者更为普遍的女性来说，肥胖与残留羞耻感的联系可能会强化情感的针对性。[33]

影响远远不止于笑话或受责备的形象。超重的人经常在工作面试中被拒（虽然严格来说，这在20世纪70年代之后是非法的）："等你减了肥再来吧"，"饿不死你的"。餐馆顾客表示，如果他们敢在外面吃饭，餐馆的其他人就会投来很不友好的眼神："我的智慧，我的长处，我的才能，我的坚韧，我的人性，经常受到轻视。"2006年，一所大学的女生联谊会突然开除了21名成员，原因是她们的体重可能妨碍招收更受欢迎的苗条的新申请人。同样地，有人建议超重者不要上大学。"胖的人不够自律，无法获得高级学位。"或者像2013年纽约大学的一位教授在推特上所说的："亲爱的肥胖博士申请人，如果你没有毅力拒绝碳水化合物，你就没有毅力写论文。"素不相识的陌生人或许觉得自己有权接近操场上胖孩子的父母，敦促他们采取补救措施。就像有人说的，超重的人经常觉得他们应该每天为自己的外表"道歉"。[34]美国可能擅于将肥胖与道德缺陷联系起来，但是迷恋外表的法国人可能会更残酷地侮辱超重者。[35]

羞辱自然也进入了政策领域，因为卫生官员正在寻求方法解决日益严重的问题。美国几个州和澳大利亚的学校开始识别体重指数有问题的学生，不仅通知相关家长，还让他们受到同学的关注。

这场运动也引发了明显的抵制：任何新的重大羞辱行动都逃不过反羞耻倡导者的注意。在美国，民权运动帮助孕育了这种新的羞辱类别的反对者。例如，全国援助肥胖美国人协会（The National Association to Aid Fat Americans）成立于1969年。目标是：鼓励超重者获得"足够的自信去争取体型被接纳"。一些团体强调法律权利。其他团体则认为，整个反肥胖运动都建立在医学神话之上，没有真正的健康问题，只是试图针对女性、福利领取者或其他群体。一个显然非常重要的关键论点是肥胖羞辱起不到作用，实际上还适得其反：由此产生的沉重情感负担只会令被针对者吃得更多，以寻求慰藉和安心。[36]

肥胖羞辱变成了一个论战场。这在日常生活中仍是耻辱，充分显示了羞耻在应对新问题和新标准上的进展。但总体而言，没有证据表明这种情感策略起到作用：在美国和其他地方，肥胖症仍在蔓延。对有些人来说，这一困境从另一个角度表现了羞耻的破坏性影响，不仅因为它不公平地支持了对现代群体和个人的羞辱，而且实实在在地激发了反叛行为：人们可能吃得更多，以弥补羞耻感带来的痛苦。

不过，肥胖羞辱也有其额外用途。2000年后，随着企业努力加强纪律，削减医疗费用，有报道称，羞辱被广泛用来迫使员工参加一系列健康或福利计划，伴随其他旨在增加工作晋升机会的激励。

羞辱和法院

羞耻能够继续应用于新的领域，这极大地影响了20世纪后期因这种情感而起的张力和尖锐矛盾。这方面的细节是新的，但在很多时候，新的用途和对羞辱更强烈的敌意之间的张力跟19世纪末已经显现的那种复杂性一模一样。更引人注目的是，在美国，公开羞辱重新成为法律手段。这一举措与抵制羞辱的趋势背道而驰，令人更搞不清情感的作用。这当然也引发了广泛的辩论和分歧。

不同元素叠加到了一起。对包含福音派新教徒在内的许多保守派来说，20世纪60年代的动荡体现了国家道德的悲剧性滑坡。可能需要调动羞耻感来捍卫基本的正派标准。此外，许多人越来越肯定，除了羞耻，无论是罪感还是其他形式的情感惩罚，都无法阻止更多的人离经叛道。更显而易见的是，替代羞耻的法律手段，也就是监狱系统，正在超出合理的规模，其效果存在争议，至少就防止犯罪或累犯而言是这样。许多主张恢复司法羞辱的人直言不讳，监狱系统成本巨大，还在不断上升，非常需要一个有效的替代方案——19世纪初有关足枷的一些论点再次流行起来，但现在有了新的证据。在逐渐两极化的美国政治环境里，所有这些活跃的因素都令人相信，应该恢复这种过去最早受到现代反羞耻运动攻击的方法。这一复兴因而也具有鲜明的美国特色。

随着这种模式的成型，从20世纪70年代开始出现一些耐人寻味的案例。1989年，罗德岛高等法院判处一名被定罪的恋童癖缓刑，条件是在普罗维登斯报纸上刊登广告，说明他的名字和罪行，包括以下这句话："如果你是一个恋童癖，请立即获取专业帮助，否则你可能会发现自己的照片和名字出现在报纸上，你的生活将被国家控制。"同样是在80年代，俄勒冈的一位法官开始要求一些罪犯刊登报纸广告，为他们的错误行为道歉。堪萨斯城在公共电视频道的节目里公布召妓男子的名字和照片，该节目很快就被称为"John TV"*。其他不法之徒不得不公开戴上认罪的标识。内华达州允许已被定罪的酒驾者选择入狱还是穿上表明自己是酒驾者的衣服去做社区服务。田纳西州的一位法官要求一名偷车贼在他的教堂会众面前认罪，这是对过去时代特别有趣的呼应。[37]

佛罗里达州的一位法官进一步解释了羞辱在处理酒驾司机方面的作用。许多人拥有相当的社会地位和体面的工作，相比于更重的罚款，他们更害怕诸如被迫在汽车上贴夜光贴纸这样的羞辱。"酒驾贴纸……利用了他们对公众关注的恐惧"，因为这会带来"羞耻、不光彩和名誉扫地"。其他可能带来羞耻感的新惩罚包括要求向受害者道歉，还有跟受害者及其家人会面。[38]

羞辱惩罚尤其适用于驾驶和部分性犯罪，但其他延伸的惩罚也很吸引人。一位因在孩子面前购买毒品而被定罪的母亲被勒令公开道歉。佐治亚州的一位法官让一名被判犯有八项盗窃罪的男子（但他需要养活一个大家庭）做选择，入狱六个月还是入狱几个周末外加在法院门口站足30个小时，并挂上"我是一个被定罪的小偷"的牌子。这名男子选择了后者。一名少年投掷砖头，导致一名男子单眼失明，少年被要求戴上眼罩，只有睡觉的时候才能摘下。在纽约，被判有罪的贫民窟房东必须在其房产前放上写有名字和电话号码的牌子。

---

* John 在英文中亦有"嫖客"之意。

在威斯康星州，（偷了牛排的）小偷必须发表公开的羞辱性演讲。30年来，违法行为的范围和羞辱惩罚的地域都变得非常广泛。[39]这么说可能为时过早，但事实上，早在1996年，一位权威人士就指出："羞辱性惩罚在政治上是可以接受的……这几乎是一个铁定的事实。"[40]此外，相关法官已经相当了解他们应对的情感武器，有时甚至直接与羞耻的批评者交手。因此，积极倡导羞辱的得克萨斯州法官泰德·坡（Ted Poe）指出："一点羞耻会有很大的作用。有人说每个人都应该有很强的自尊心，但这不现实。有时候人应该感到歉疚。"[41]

羞辱作为法律工具的复兴与其传统前身有很大的不同。没有伴以暴力支持——没有涉及足枷和颈手枷那样令人感到难受或折磨的东西，至少到目前为止，美国公众还没有回应以石刑或其他虐待行为。目的就是引发羞耻感，纯粹而简单。在大多数情况下，当代羞辱也不会发生在边界清晰的社区范围之内。人们将自己的不端行为暴露于购物中心或更为常见的空间，或者像汽车贴纸的例子一样，面向更加随机的公众。但对违法者来说，核心的情感体验以及由此产生的给他人的警告，肯定有意参考了早期的模式，把羞耻置于首位和中心。

可以预见的是，这在法律学者中掀起了一场激烈的辩论，因为过去用来攻击羞辱的根据与近期反羞辱运动的新论点结合了起来。羞辱的持续复兴，本身就是这种情感复杂的当代史的重要部分，但这些争论的重要之处在于进一步凸显美国人根本无法就对待羞耻的整体态度达成一致。

对刑罚领域采用羞辱方式的攻击有不同的形式，当然可以有不同的组合。许多学者认为羞辱是无效的，至少在美国城市环境中是这样。他们指出那里没有关联的社区。他们争辩说，羞辱必须包含被排斥在外的恐惧——但是站在购物中心举着牌子，根本不会包含这种联系。他们担心许多团伙作案的罪犯根本不认同社会标准，而这正是羞耻感的来源。这些不法之徒不信任警察和法院，不承认他们的权威。因此，无论官员要求他们执行什么仪式，都触动不了他们，他们不会被吓到不去继续犯罪，也起不到杀一儆百的作用。关于羞耻本身的激烈心理攻击的重复也加强了这一论点。如果羞耻只是令人挫败或违抗，那么惩罚朝着这一方向推进，而不是聚焦于罪感或更积极的动机，将会变得毫无意义。[42]

这种现实的反对意见可能符合其他文化的看法，比如日本，他们认为公开羞辱可能相当有效，能够大大减少犯罪。但在美国，没有证据表明它能起到改造或阻止犯罪的作用。

第二条更加激烈的攻击路线涉及根本原则，也就是早前引发那场反羞耻运动的原则：羞辱本质上是一种残忍而特殊的惩罚方式，在现代社会发挥不了任何作用。它与美国人应该誓死维护的尊严标准格格不入。因此，一位公民自由发言人说："犯罪学家和社会学家说，改造一个人的最佳方式就是孤立他，往他身上贴某种红字，我对此非常怀疑。我们需要让罪犯重新融入我们的社会。"又说："无端的个人羞辱对社会根本没有意义，"还补充了一个现实的论点，"没有研究表明它能有效地减少犯罪。"玛莎·努斯鲍姆（Martha Nussbaum）以同样的风格写道：故意谋求羞辱是对自由的威胁，是对"我们人性的攻击"。"国家强制实施羞辱，政府官员就会设法践踏或损害罪犯的尊严。"[43]

这场反击运动可以列出不少可怕的社会案例。新泽西州的一位法官令人想起纳粹德国在肆无忌惮的大屠杀之前强加给犹太人的污名。"本院必须裁定"要求告知公众是否等同于给不法之徒强加"污名","从而导致他们永远受到公众的憎恶"。或者更直白地说,"告诉某个人'你将戴上足枷,我们向你扔石头',这是不文明的"。在这里,羞辱可能直接与其他受到谴责的惩罚联系起来,如鞭刑或斩首,这些在文明社会都没有立足之地。[44]

况且人总是希望像更开明的教育这类积极措施能起到遏制犯罪的作用,这跟更大的反羞耻运动也是一致的。"与其思考如何羞辱人,不如想想如何致敬我们每周读到的众多英雄人物或将其树为榜样……通过正面例子来告诉人们这类行为可以得到奖励、尊重和钦佩。"[45]

原则上反对的最后一个特别富于想象的部分,转向了另一个方面,完全不同于两个世纪前开始令当局放弃羞辱的依据:不是对违法者的影响,而是对公众本身的影响。法学教授詹姆斯·惠特曼(James Whitman)担忧的是放开大众心理的缰绳和鼓励公众放纵愤怒和残忍的本能来回应公开展示羞耻。民意善变,而且可能无情,这不符合审慎的标准。开放羞辱意味着政府正将其权力交给"善变和不受控制的普通大众"。[46]

这些论点不是抽象的。它们令采用羞辱的司法裁决变得复杂,而且经常反映在普通被告提出的反对意见之中。因此,在伊利诺伊州的一起案件中,一个被判袭击罪的人被勒令在他房子前面竖起表明他是"暴力重犯"的标识,并警告说"来者风险自负"。他认为这使他受到了不公平的嘲笑,因而偏离了正常的判刑准则。最终伊利诺伊州最高法院同意,该标识可能"不符合缓刑的改造目的"。佛罗里达州的一名男子被要求在当地报纸上刊登他的照片，附上他的违法行为（酒驾）的细节，以令其"受到嘲笑和蒙羞"。本案中的法院认为该要求符合"刑罚目的"，可以实现改造的目标。纽约一家下级法院支持类似的判决，在这起案件中，车上的标识表明司机曾经酒后驾驶，规定只有其他家庭成员开这辆车的时候才能摘下来，以免他们受到羞辱。该标志提醒了潜在的无辜受害者，这里有个问题人物，这样应该可以保护他们，而羞耻感也会刺激司机本人寻求进一步的治疗。但是上诉法院支持被告，认为这样的法律要求构成了"残忍和特殊的"惩罚，因而为第八修正案所禁止。就这样来回反复。田纳西州最高法院取消了一项规定，不要求一名性犯罪者在其前院挂上写有"警告所有儿童，韦恩·伯丁是一个已经供认并被定罪的儿童性骚扰者。家长小心"的标识，裁决的理由是这种做法"严重偏离"法律，远远超出了正常缓刑的范畴。[47]

总的来说，高级法院倾向于反对羞辱，低级法院更加乐意采纳这种惩戒方式。一些法学家反对将羞辱直接用作惩罚，但同意将其作为缓刑的一部分，因为缓刑的标准更严格。不法之徒自己也有不同意见。一些人欢迎羞辱，认为这比坐牢好多了，另一些人显然受到了严重冒犯，甚至公然反抗，就像当代许多心理学家所预料的一样。给不法之徒提供选择，羞辱抑或更传统的惩罚，在某些情况下显然有助于解决问题。

最后，通过更清晰地定义何为适当的羞耻感来进一步努力推动妥协立场，取得了不少重要的成果。有人反对当前流行的分离耻感和罪感的做法，呼吁建立两者的联系，并认为这样的结合能够利用羞耻来说服一个不法之徒重新评估他的做法，避免将来犯错。不能让羞耻上升到屈辱或耻辱的程度——就此而言，最近的一些强制措施可能过分了。但是，有些措施不仅诱导人怀疑某一具体行为，甚至怀疑自己的基本价值，这可能是一件好事，有助于实现改造的目标。羞辱还必须伴随以清晰的重新融入社会的机会。在澳大利亚犯罪学家约翰·布雷思韦特（John Braithwaite）的领导下，"重新融入的羞辱"项目已经在澳大利亚的几个城市和美国的印第安纳波利斯等中心发展起来。罪犯及其受害者聚在一起，后者可以说明犯罪带来的后果，罪犯也有机会道歉。这里牵涉羞耻，但重点是犯罪行为而不是罪犯，而且有明确的机会赔罪，重新进入体面的圈子。这种方法通常奏效，或许对暴力犯罪的效果比对盗窃的效果更显著，但其支持者承认，数据仍然没有定论。[48] 折衷方法的可能性尚未完全浮现，这种方法会比最近许多美国法院的做法更加清晰地定义和界定羞辱，并将其更加鲜明地与具体的惩戒目标联系起来，而非模糊地期待惩罚和威慑效果。

与此同时，由于人们真正相信羞耻感，加上监禁等替代做法的局限性和负担日益明显，羞辱仍是许多法院审理几类犯罪时的一个选择。在这种情感惩戒形式引起严重分歧的社会里，还看不到整体的解决方案。对羞辱的新依赖反过来又刺激了许多羞耻反对者激烈而多方面的抵制。其结果耐人寻味地丰富了最新阶段的羞耻史，并生动地提醒人，情感传统可以怎样得到恢复和多样化的解释。

正义羞耻：情感和社区

新的反对羞耻的努力、向肥胖羞辱这类领域的扩展，乃至羞辱出人意料地重新出现在法庭，这些都有相当清晰的记录，背后的诱因虽然矛盾但相当确切。在这一节和下一节，我们转向当代羞耻的两个有所关联的扩展领域，两者都不容易用系统的方式表现出来，在某种程度上也没有那么容易解释。

众所周知，美国社会在20世纪60年代之后产生了深刻的政治和文化分歧。与此同时，美国人本身可以说变得更加个人化，与过去相比，他们跟可界定的社区和团体的联系更不牢固。[49]这就是可能产生有关羞耻的新分歧的背景——而且就是这场著名的文化论战的一部分。但同样在这样的背景下，羞耻也可以作为一种手段来界定某些可识别的群体身份，利用羞耻来规定谁属于这一群体。类似的方法也可以应用于国际层面，这方面的分歧和文化争端也很明显。

在展示羞耻的重要扩展方面，最明显证据是众所周知的保守派—自由派政治结盟。两大团体之中，保守派相当公开，自由派更加矛盾，他们都开始利用新旧时机，将羞辱融入纲领，以强化他们的身份认同，展示强烈的义愤。两派都认为可以利用羞辱，尤其是在法律手段不知为何没有起到应有作用的时候，羞辱应该完成民主立法不能完全胜任的工作。在这样的政治背景下，羞耻突出了美国左派和右派的政策差异，但也直接导致了双方成员对"另一方"的个人厌恶与日俱增，成为政治分歧中一个影响越来越大的因素。[50]

保守派可能非常直接地怀念社会羞辱的美好过去，当然，法院判决羞辱的复兴显然也建立在这种冲动之上。前佛罗里达州州长杰布·布什（Jeb Bush）在1994年的回忆录中说："社会需要重新学习公开和私下谴责的艺术，学习如何让那些做事讨厌的人感到羞耻。"他最尖锐的讽刺针对的是福利领取者和他们的私生子，但他甚至开始怀念遥远的过去，那时候"公开谴责"更普遍，针对的一般都是私生活不检点，而且青少年犯罪受到羞辱的效果更明显。（事实上，在他担任州长期间，佛罗里达州通过了一项法律，要求想把孩子送去收养的单身女性公布过去性伴侣的信息，尽管这在宣布违宪之前就被废除了。布什还考虑了一项提议，要求男性少年犯在公共场合穿上粉红色的褶边连衣裤。）[51]

保守派的羞辱冲动针对的大多都是19世纪就有的传统对象：穷人、某些移民群体。可耻性通过保守主义文学流传，再次起到了肯定身份和激发义愤的作用。但这也可能公开爆发，侮辱某些族群，或在移民敢讲英语以外的语言时发作。

然而，右派羞辱最重要的延伸是堕胎问题。这在美国文化中，这是长期围绕羞耻感的现象（在其他一些国家则较少），尽管法律障碍有所减少。反羞耻运动的众多目标之一就是帮助女性应对堕胎引起的羞耻，提高她们的情感恢复能力。但是，对反堕胎斗士来说，过去和现在的目标显然都是增强而不是减少羞耻。况且，这些策略已经远远不止于公众抗议或侮辱。

因此，聚集在堕胎诊所周围的人群，手持描绘死亡胎儿的海报或者用玩偶的碎肢砸人，嘴上喊着"杀人犯"和其他污名，目的显然是令女性感到羞耻，重新考虑她们的决定。在蒙大拿州，反堕胎者创建了一个"羞耻堂"，意在通过名字来识别寻求堕胎者。许多团体还公开参与堕胎的医生和工作人员的姓名地址，试图让这些人也感到羞耻（在某些情况下，也会招致暴力）。这些努力可能击中要害，对那些原本决心很大的人也不例外。"这让我感到恶心，而且直到现在依然困扰着我……这集中了我从社会中感受到的一切恐惧和审判"；"堕胎已经是我生命中最艰难的一天。这些人对我一无所知，也不知道我为什么去那里，却毫无人性地憎恨我评判我，这令人愤怒。"但对最狂热的反堕胎者来说，为了拯救婴儿生命这一更高目标，使用任何情感武器都是绝对合理的。[52]

另一边，自由派使用的新的羞辱形式有时也同样尖锐，只是表达的时候没用那么赤裸裸的情感术语。这些方法更多涉及的是虚拟而非现实的人群——通过新闻界，最近则是通过推特或脸书。最后，日常的努力往往是为了聚沙成塔，帮助群体摆脱羞耻感，尽管在把羞耻应用于正义事业的兴奋之中，反羞耻运动的标准论点被忽略了。

最常见的目标是对政治正确的冒犯——无意中作出的评论或使用的术语，暗含着对女性、少数族裔或同性恋者的敌意。这样的例子近来很多。一位获得过诺贝尔奖的英国科学家在一次会议上说，女性不应该和男性一起在实验室工作，因为她们会爱上别人，或者被别人爱上，而且当她们受到批评的时候会哭。他的言论在网上引起了轩然大波，女性科学家有理有据地展开反驳，对他的批评很快变成了更加广泛地质疑其名声的羞辱。在勉强道歉两天之后，这位科学家辞去了他在伦敦大学的职位。广播评论员的言论如果带有可疑的种族色彩或者明显恐同，也会迅速招致羞辱，而且通常会被穷追猛打，直到他辞职或被解雇。即使几十年前的言论，现在被重新发现，也有可能成为羞辱攻击的目标。[53]

2013年爆发了以政治正确的名义进行羞辱、讨论最多的一起案例。一位NGO的公关人员在登上飞往南非的航班时，发了一条她认为是段子的推文。她说希望自己在旅途中不会感染艾滋病，之后又愚蠢地加了一句："只是开玩笑。我是白人。"当她的航班降落时，她的不当言论已经在社交媒体上炸开了锅，大家纷纷谴责她的种族主义，坚持要求解雇她，或者采取更进一步的措施。事实上，她确实在很短的时间内就失去了工作，而且发现随着羞耻风波的持续，她很难找到其他工作。正如一位评论家所说："你的推文永远都在。"[54]

自由派的羞辱也经常应用于大型动物的猎杀者。因此，一位写过杀死狒狒的记者很快就被指责为恶霸。更为著名的是，2015年，一位美国牙医在津巴布韦游猎时射杀了一头非常出名的狮子，很快就受到了全球范围内的羞辱，不得不躲藏起来，他的房子被刷满了充满敌意的涂鸦，他的诊所也受到了威胁。在这件事情上，比传统的政治正确更重要的是，许多人认为即便法律没有规定，羞辱行动也是必要的，至少目前是这样。

政治正确的界限可能会自动扩大。在21世纪初，当大学生和行政人员试图应对愈演愈烈的敏感问题时，一些人试图利用羞辱，加上法律法规，来遏制校园内哪怕只是有可能令人不安的言论——那种被称为微歧视（microaggression）的言论。提及性别或种族的某些方式可能会在无意中惹恼该群体的一些成员，所以应该禁止使用这些词语，要求使用这些词语的人道歉。因此，一位教员在学生论文里指出句子中间的"indigenous"（土著）一词不应该用大写，结果受到了公开指责，认为可能令作者为自己的身份感到不安。一个讽刺这种新的校园风气的学生自己也受到了不只限于社交媒体上的羞辱，宿舍门口都被扔了鸡蛋，贴上批判的标语，就像现代的喧闹（chiravari）习俗。[55]

无须罗列更多的例子。在美国激烈的政治分歧两边，尽管具体问题很不一样，形形色色的个人和团体都在强烈的正义感的刺激下，大规模地公开羞辱违犯者。

结果既类似于传统的羞辱策略，但又有所不同。它确实有助于凝聚共同体精神，甚至对新型的网络虚拟集会都有帮助。它有助于定义标准——比如将打猎重塑为一项可耻运动的有趣过程。它可能伴随着暴力的暗示或行为，尽管这在保守派当中比在自由派中更加常见。同样似曾相识的是，家庭和个人常常被卷入羞辱体验，比如在艾滋病笑话的案例中，冒犯者的家人同样受到公开攻击。但是当代的正义羞辱也很明显地践踏了个人权利，后者在两个世纪前曾经助长了对羞耻的攻击。而且令人惊讶的是，它经常产生经济后果：受害者，特别是自由派羞辱的受害者，往往丢掉工作。最容易受到伤害的是政治、娱乐或媒体行业的从业者，不过学者和其他人可能也不能幸免。在这方面，羞辱现在蔓延到了雇主身上，他们通常都会立即退让，无论冒犯行为多么微不足道，或者多么反常，也不管这是多久之前的事情，他们急于降低当代羞耻可能产生的代价。

羞辱策略现在也被应用于国际舞台，成为全球政治争端的一部分。从废奴运动的时代开始，改革者就常常竭力发动公众舆论来反对其他地方难以容忍的行为，希望羞耻能够激发补救措施。将德国定为一战的责任国，是轻率地羞辱了整个国家。但是直到冷战爆发，加上利用当代媒体来发动国际舆论的条件成熟，国际羞辱才得到蓬勃的发展。因此，成立于1961年的大赦国际（Amnesty International）呼吁对侵犯人权者施加情感压力：关于酷刑和监禁的报道令人作呕，"然而，如果全世界的这些厌恶情绪能够结合起来，变成共同行动，就能有所作为"。大赦国际寻求各种各样的矫正措施，包括直接的外交压力和某些情况下的经济抵制，但是该组织的基本策略是动员请愿以及很快成为主要策略的旨在羞辱作恶者的互联网运动。尼日利亚北部的一名女性将因通奸而被处以石刑？给政府递交大量的请愿书，令其感到羞耻而进行干预。美国的一个州要判处另一个囚犯死刑？同样，信件和请愿书，有时候还有诸如教皇这样的特殊声援。类似的策略也适用于虐待劳工的报告，特别是涉及跨国企业的时候：在这种情况下，羞辱的影响力可能更大，因为它来自潜在的消费者。像耐克这样的公司和凯西·李·吉福德（Kathy Lee Gifford）这样的明星投资者，都受到了实实在在的羞辱，不得不承诺为他们在印度尼西亚和越南等地的工人提供更好的待遇。最后，个别政府也行动起来。美国政府发布侵犯人权年度报告，这一开始是冷战的组成部分，用意在于给最严重的违犯者施加政治和情感压力。正如人权观察（Human Rights Watch）所说："我们的目标是令侵犯人民权利的政府付出声誉和合法性的沉重代价……我们最好的武器通常就是公布我们收集的侵权信息，让政府在自己的公民面前和国际社会的眼中感到难堪。"简单来说，就是羞辱。[56]

抛开大的外交考虑不论，造就全球羞辱的推动力很多时候跟美国国内的自由派羞辱一样。执着于道德标准的问题在于，尽管人权宪章在原则上得到了认可，国际法却没有取得多少进展。羞辱可能激发国内的不满情绪，也可能只是把模糊的"国际社会"当成自己的观众，这样就可以批评实施虐待行为的国家或公司。

就本质而言，很难评估正义羞辱，因为许多分析家可能都会同意其中的一些目标。哪个自由派学者会质疑在种族或性别问题上谨慎发言的重要性或者在世界范围内推动遵守人权的必要性？但羞辱就是羞辱，偏袒和国际性的扩展可能会忽略掉某些结论，而这些结论同时又在刺激着当下的反羞耻运动。如果羞辱罪犯是不公正的或适得其反的，为什么还能应用于政治不正确言论？事实证明，很难做到保持一致，而且它在实际中正在节节败退。其实2015—2016年的美国总统初选就揭示了如今在羞辱标准方面存在的巨大鸿沟，包括对强制实行政治正确的努力所积聚的愤怒：美国的各色团体渴望能通过羞耻表达强烈的情感，并在这一过程中相互羞辱。

另一种羞辱扩张从政治用途蔓延而来，其中社交媒体开始极大地影响公共运动。但对个人的随机攻击，则是技术发展的另一个结果，本身就值得关注。跟其他当代的羞耻表现一样，这些攻击复兴了几个过去的主题，同时也引入了新的，而且往往令人不安的元素。

媒体羞辱：新技术的应用与滥用

从20世纪90年代开始流行的许多真人秀节目都依赖公开羞辱。1991年推出的杰里·斯普林格秀（Jerry Springer Show）试图利用公开声明来羞辱配偶，令其保持性忠诚或放弃其他讨人厌的习惯。为了追求更高的收视率，越来越多嘉宾公开讨论各种反常行为，对各个群体的侮辱也变得更加露骨。在这个例子里，羞辱与获得公众关注的渴望和对隐私重视程度的下降结合到了一起，而且很多时候并不清楚哪个才是主要动机。

另一个导致羞辱氛围更加开放的因素是20世纪90年代所谓的荡妇羞辱。尽管和性有关的羞辱情形随着更加宽容的标准而减少，但是两者仍有关联。关注的焦点是那些女孩或妇女的穿衣打扮或者行为似乎暗示着性生活丰富——男人也可能受到荡妇羞辱，但双重标准很普遍。攻击可能来自公众人物——一位保守派评论员将一名学生称为荡妇，因为她主张提供更多避孕手段。但最常见的场景是在学校, 肇事者往往是针对其他女生的女生。虽然荡妇羞辱可以通过口口相传得到扩散, 但使用社交媒体则可以更灵活更迅速地传播, 其应用也越来越普遍。[57]

这是最为重要的创新: 这项新的技术甚至可以让一个人接触到空前广泛的没有其他社群关联的观众, 而且速度前所未有地快。两名年轻女性在阿灵顿国家公墓拍摄了一张嘲弄的照片, 照片发到脸书之后, 就脱离了这两名女性"开违反标识的玩笑"的原意, 最终招致公开羞辱, 直到主要肇事者最后丢掉工作为止。一名男性在电影院做了一个粗俗的手势, 一个被冒犯的观众拍下了他的照片, 发到脸书上, 然后我们就都成了事件的参与者。另一个人本身就是社交媒体的羞辱者, 他提出了一个讽刺性的说法:"恢复霸凌", 然后迅速成为被一位作者恰如其分地称作"互联网羞辱机器"的受害者。[58]社交媒体日益成为人与人之间传播恶意的渠道, 羞辱就是其中的推动因素之一。

新型羞辱者的动机五花八门。有人利用这个机会来报复竞争对手。一个例子是一个大型动物猎人, 他犯的大错是给一个狂热的推特羞辱者的作品写了差评。有些人肯定真的感到愤怒, 直接使用新的手段而非面对面地表达来自社群的反对意见。有些人只是喜欢制造头条。有些人跟互联网公司勾连, 以报道八卦为生。有观察者认为, 最显著的共同点是一种新的从众心理, 一种建立在令人沉醉的制造痛苦能力之上的集体狂热。但我们在新的狂热中看到的不只是新技术的影响, 还有许多人都认为有用的、政治正确的20世纪60年代和70年代羞辱应用的延伸——那种针对令人反感的种族或性别说法的羞耻。这种模式很难评价。[59]

结果也各不相同, 但大都好不到哪里去。常见结果就是丢掉工作，尤其是迅速地丢掉工作，虽然并不总是如此。许多蒙羞者不得不搬家，舍弃家庭和社会关系。许多人生病或深度抑郁。偶尔也会有报复行为：因为电影笑话受到羞辱的男人发推特说他丢掉了工作，网友的注意力转向发布指责视频的女性，反过来羞辱她。新的羞辱氛围令许多人陷入恐惧，担心过去的轻率言行遭到曝光。

即使是明显的犯罪行为，也常常受到超出合理范围的惩罚。在千禧年前后，一些记者被指控为剽窃，证据充足。他们不仅丢掉了工作，这可以说是罪有应得，而且无论走到哪里都会受到围攻："羞耻始终跟随着他。" [60] 宽恕似乎是不可能实现的，这既是因为社交媒体的记录一直都在，也是因为一些迫害者以不断施压为乐。

到了21世纪初，媒体羞辱蔓延到了年轻一代的父母身上，他们显然找不到其他有效的管教方法。一个13岁的女孩违背父亲的命令，在推特发了一张调情照片，父亲就在脸书发视频回击她。尽管之后接受了心理辅导，但这个女孩精神崩溃，不久之后就自杀了。另一位父亲恼怒于儿子穿了紧身的牛仔裤，在网上发了一段视频。还有一位父亲比较老套，强迫11岁的孩子站在街上，举着具体说明她的不听话行为的牌子——显然借鉴了犯罪学的新方法。一些家长开始用剪头发来惩罚孩子，主要针对女生，这是一个老办法，但现在会把剪头发的过程拍下来发到网上，所惩罚的行为从成绩不好到丢手机不等。 [61]

当然，专家很快指出了这种做法的愚蠢之处。他们重申了公认的看法，一个受到羞辱的孩子可以一下子失去所有自尊，同时几乎没有获得任何动力去改正行为。他们的主张很有道理，使用社交媒体来羞辱孩子会留下长久的记录，这在未来的几十年里，无论在上学还是在找工作的时候，都有可能对其造成困扰。但在有些地方，新的机会，以及附带的愤怒或正义热情，仍是难以抗拒的诱惑。[62] 羞耻在当代的上升势头仍在持续。

最后，有人发出了不一样的声音，既反对羞耻的加剧，也警惕地提出了抵制的时机。一些遭受公开羞辱的受害者指出，只要花点时间观察，就知道公开羞辱事件并不像一开始看起来的那么糟糕——尽管大多数人对羞辱者的任意妄为和暴露隐私仍然极为愤慨。一位法学教授误将色情材料发给了她班上的学生，尽管由于学术保护，她没有丢掉工作，但这仍给她带来了极大的痛苦，过了好久她才意识到生活仍在继续，重新获得尊严感是可能的："羞辱不是最糟糕的。如果能够抵抗速度和强度都不一样的新型羞辱，那在某些情况下就可以减少伤害。"[63] 至于青少年，越来越多人使用完全匿名的网站，如益牦牛（YikYak）或色拉布（Snapchat），这样至少可以减少煽动羞辱的机会。

评估当代时期

梳理美国近来的羞耻历史并不容易——显然比厘清上一时期的复杂状况更加困难，那时候的羞耻基本一直都在衰落。

最为显眼的主题是进一步的分裂。自由派和保守派在羞耻问题上意见不一。蒙羞者与羞辱者之间往往也是如此。牵涉其中的不只是党派分歧，许多争端取决于具体问题和情况。

旧的趋势和模式仍有影响。尽管有一些反面的建议，但基本上美国人还没有坦然接受羞耻，因此，虽然这种情感的用途正在恢复，但它也变得更难处理。敏感性表现为对羞耻的反抗，也体现为对屈辱和痛苦的迅速屈服。

即使抛开涉及的技术不论，当代羞耻的创新依然引人注目。匿名交流的增多改变了共同体的性质，可以说制造了更多的歪曲和残酷行为。羞耻总有可能因为羞辱者而令人感到不公和亢奋，但是这些特质似乎因为模糊或虚拟的共同体缺少面对面的交流而增强。在很多时候，羞辱已经成为当代美国生活和文化中令人厌恶的一面。

尤其令人不安的是，一切明确的道歉或重新融入的渠道都在减少。保持耐心，仅仅等待社交媒体转向其他受害者或社会恶行，似乎是最好的办法。但许多当代的羞辱者更注重胜利而不是补救，结果可能是令人痛苦的。最近许多羞辱的扩展都只突出纯粹的惩罚，或者打压受害者的机会，对于补救措施没有特别的兴趣。

毫不奇怪的是，新的重要运动在这样的情况下已经发展了起来，目标不仅是重新达成羞耻带来不良影响的共识，也是为了遏制最近一些滥用羞耻的情况。这让人想起了早期取得成功的废除足枷运动，同样是出于保护人的尊严。只是这次的对象比足枷更灵活，更容易逃脱，结果怎样很难说。

因此，伊利诺伊州的一位议员提议惩罚那些公开羞辱子女的父母，无论是通过标识还是利用互联网。欧盟在这个常见问题上领先于美国，允许个人从谷歌等服务平台删除互联网引用信息——以"被遗忘权"（right to be forgotten）之名。欧洲法院在1995年《数据保护法》的基础上，于2010年裁定，一位西班牙公民有权要求删除之前公开的房产止赎信息，依据是这是不必要的耻辱，因为事情已经得到了解决，而且不管怎样这都已经成为过去。新的"权利"受到限制，特别是为了保障第三方的言论自由，并且逐案起效，其长期影响尚不明确。但在新裁决出炉的头三个月里，就有超过7万人申请删除互联网信息。美国的几个州也在朝着类似的方向发展，不过专门针对未成年人，他们小时候的轻率之举不应在成年之后继续困扰他们。因此，加利福尼亚州制定了一项有争议的"橡皮擦按钮"条例，适用于所有未成年人可以注册的网站，允许他们成年之后删除以前的帖子。其他地方也在酝酿类似的立法，包括州一级和联邦一级。一些拥护者要求更多，不仅可以删除自己的幼稚言论，还要有能力删除别人转发的帖子，乃至第三方提交的帖子，例如冒犯性的照片，里面描绘的个人根本没有参与发帖。当然，这样扩大违背了言论自由，目前还没有出现一个可接受的政策。但可以确定的是，反羞耻运动已经在截然不同的环境里重新开始了。[64]

最后，处于当代种种变迁之中的羞耻，作用如何？可以预见的是，意见和数据不尽相同。许多法学家和不少家长都报告称，公开羞辱起到了矫正作用——醉驾司机意识到了他们的错误，调皮的孩子改过自新。尽管极其缓慢而不整齐，大多数公众人物都学会了遵守政治正确——这令那些仍然层出不穷的种族主义或其他冒犯言论更加引人注目。羞耻总会导致绝望的自毁，而非改过或威慑，这样的说法可能并不总是站得住脚。另一方面，羞耻肯定有可能过火。它会引起不必要的痛苦，甚至自杀——连一些当代羞辱的支持者都承认，目前的一些羞辱做法已经过头了。

有些情况很难判断。以人权为名义的羞辱显然有助于避免处决，释放政治犯。但是有些政府有力地反击了羞辱的做法，认为西方的批评是新殖民主义。国家羞辱的影响有限，甚至适得其反。[65]

当代羞辱在金融界似乎影响不大。国际金融家可能本来就是按照不怕羞耻的个性挑选出来的。当然了，他们成功的标准是稳步提高利润，这显然胜过羞耻的一切影响，也是他们能从明目张胆的金融管理失当或欺诈行为中迅速恢复过来的原因，只有在极其罕见的情况下他们才会真的入狱。美国利用羞辱宣传来遏制高管薪酬膨胀的努力迄今已完全失败，变成丑闻。这些高管利用其他公司的薪酬信息，为自己索取更高的薪酬——羞耻百无一用。

不过，即使受到一些当代的限制，羞辱的倡导者依然坚持不懈。他们指出，现在的慈善家最初进入公众视野，都是因为他们公司的做法（例如，违犯反垄断法）受到羞辱性批判，拖欠税款的人也是因为公共网站的曝光才会全部付清（这是加利福尼亚的做法）。他们指出诸如罪感那样的惩戒方法都有不足。他们认为，越来越多的问题，如环境恶化，可能只有公众的批评才能推动解决——"我们需要羞耻的强力帮助"。[66]受到过去半个世纪开启的各种经验和观点的刺激，这场辩论仍在继续。

后　记

　　羞耻是一种麻烦的情感。从历史上来看, 这样的说法是公允的: 即便在羞耻能以不同形式顺利发挥作用的社会, 这种情绪仍会导致过分顺从或者妨碍认识诸如精神疾病这样的问题。而且在任何情况下, 羞辱都有可能过火, 造成与冒犯行为不相称的情感痛苦。尤其是在个人主义社会, 羞辱不仅会产生强烈的痛苦, 还会导致怨恨和适得其反的行为。最后, 一些社会在羞耻问题上存在明显的分歧, 这当然适用于当代美国, 在那里, 羞耻是众多共识已经明显破裂的话题之一。

　　羞耻的历史复杂而富有启发性, 尽管还需要更进一步的研究, 尤其是比较研究。理解它随时间的推移而变化和延续, 有助于将羞耻和羞辱的模式跟其他主题联系起来, 包括监狱学和育儿, 还有教育和文化背景。梳理当前各国在羞耻问题上的争论和歧异, 必须用到历史记载。最重要的是, 了解历史能有效促进跨学科分析, 甚至可以把过去的趋势与当代的困境联系起来。

　　因为羞耻的历史不仅仅证实了这种情感的复杂性。它肯定会消除耻感社会和罪感社会旧有区别的一切残余, 这些可能会助长西方的优越感。我们对耻感社会及其历史的了解表明，这种情感发挥的正面作用比最鄙夷的批评者想到的都要多。同样重要的是，西方本身长期依赖于羞耻，而且在有争议的情况下继续运用羞耻，这打破了任何简单的二分法。无论对比的是南加州和印尼渔村，还是更为复杂的当代东亚和西方的数据，差异的确存在，但比简单的羞耻感与罪感之分更加细微。

除了在历史上乃至语言学上都不完全成立的棘手的羞耻感与罪感二分法之外，羞耻和羞辱的历史也提出了对一些相关主流心理学观点的质疑。显然得益于目前的许多论述，历史著作证明了这种情感的破坏力，也证明了过去多少社群依靠羞耻的破坏力来执行理想的标准和表现真正的残酷。与此同时，作为对羞耻社会学研究的补充，一项历史评估强调了羞耻体验的多样性和对这种情感进行建设性管理的可能性。[1] 在现代环境里不可能恢复以前的做法，但是了解过去仍然可以给人一些有用的参考。因此，那些明确警告了羞耻的危险性，甚至创造了"害羞的"（shamefast）这样特定的警告词的社会，就提出了可以适应更多现代环境的选择。从历史上来看，羞耻的社会作用已经超出了执行社群标准和加强社群凝聚力的范围，尽管这些功能可能至关重要，而且显然有助于解释为什么羞耻在受到大量反对的情况下依然继续存在。在支撑个人与更大的社会的联结方面，对羞耻感的预期的重要性是历史记载的核心，而且在当代环境里依然如此。总体而言，以同情的方式看待过去对羞耻心的利用，而不是以当代对羞耻的攻击为依据，对之进行错时的否定，能够揭示在当前环境中也值得关注的有用性质。过去的成功先例无疑说明，关键在于结合羞耻的惩戒作用与复原的机会，即消化了羞耻的影响之后可以重新融入相关社群。跟《羞耻文化》（*The Culture of Shame*）的作者安德鲁·莫里森（Andrew Morrison）一样，我们可以百分百地肯定，克服羞耻需要大量的工作和训练——但这应该是可以做到的，因为这遏制了羞耻的破坏性潜力。[2]

这项研究强调了西方对待羞耻的新方式的重要性，而这种方法源于最早在启蒙运动中发展起来的有关个人和尊严性质的新概念。当然，它也警告人们不要简单地祈求一场远离羞耻的"现代"运动。它也没有试图阐明羞耻成为情感禁忌的观念带来的彻底衰落——尽管它肯定为格斯滕·考夫曼（Gersten Kaufman）等学者更为精细的方法提供了证据，他在1989年提出，"美国社会是一种耻感文化，但羞耻隐而不显……有一种关于羞耻的羞耻感"。[3]

变化是实实在在的，对于社会关系和个人体验都很重要。众多传统形式的公开羞辱的衰落大大改变了社会和个人生活。就此关键意义而言，羞耻的历史从更广泛的意义上证明了情感史的主要功能之一，就是描述和解释重大变迁，并将当代的研究置于过去趋势的背景之中。公开的做法已经变了，反羞耻的提议发展迅速，个人对羞耻感的反应也改变了——当然，正规学术研究本身已经适应了标准的重大调整，更进一步地证明了羞耻的有害影响。

不过变化是错综复杂的，这方面的历史分析也增进了我们对实际情感的理解。关于羞耻作用的分歧在不同年代都有浮现，尽管有时候并不分明。美国南方长期坚持更多地保留羞辱，欧洲的贵族阶层同样如此。出于许多原因，学校教师继续依赖羞辱手段，但没有那么系统，而在最近，公共卫生顾问从他们主要关注的对抗肥胖转向了这种情感。从20世纪60年代开始，有关羞辱的有效性的分歧相当明显，尤其是在美国，因为这种情感的复兴明显受到了抵制。

分歧只是历史的一部分。在过去的两个世纪里，现代美国的记载说明了在复杂的社会控制羞耻是多么困难的事情，这不仅是因为习俗的限制，还有各种新旧社会需求的影响。这不一定出人意表，但确实使人更难确定在现代西方背景下运用羞耻的共同准则。历史学家既研究延续性，也要考虑到变化，过去两个世纪的羞耻轨迹充分说明了这一结合。近来羞耻的意外复兴，特别是许多人现在可能渴望利用新技术来表现羞辱他人带来的溢于言表的快乐，给阐释和管理情感带来了一个重大挑战。

现代模式，包括当代的羞耻争论，提出了有关基本方法的难题。事实证明，"羞耻的衰落"这一主题相当误导人，对专家和广大民众都有重要的影响。质疑羞耻和羞辱的成果显著，尤其是在西方文化中，但是没有完全成功，而且这番努力很可能导致我们无法讨论继续存在的羞耻的恰当标准是什么。专家更乐意抨击羞耻，而不是探讨怎样才能更好地运用和管理羞耻。羞耻的学术研究或许能以有效的方式，在谴责这种情感和讨论其可能满足的社会需求之间达到更加谨慎的平衡。那些致力于保护孩子不受羞辱，同时提高他们自尊心的父母，可能没有让他们的子女做好充分准备，去面对羞耻仍然存在并在某些场合继续扩大的真实世界。减少羞耻仍然是许多领域的合理目标，但羞耻感的管理可能同样重要，要实现这两个目标，关键在于理解这种情感复杂的现代历史。

注 释

序 言

1. Ruth Benedict, *The Chrysanthemum and the Sword: Patterns of Japanese Culture* (Boston: Houghton Mifflin, 1989), 22–27; 注意本尼迪克特如何专门指出日本人缺乏只有罪感才会带来的道德界限; David Weir, "Honour and Shame," *Islam Watch*, last modified September 17, 2007, www.islam-watch.org, accessed January 12, 2016; Pauline Kent, "Ruth Benedict's Original Wartime Study of the Japanese," *International Journal of Japanese Sociology* 3, no. 1 (1994): 81–97. 亦可参考爱德华·萨义德对利用羞耻态度文化扭曲伊斯兰的犀利评论: *Orientalism* (New York: Vintage, 1979), 48。

2. Richard Shweder, "Toward a Deep Cultural Psychology of Shame," *Social Research* 70, no. 4 (2003): 1109–1130; 关于用词的重要性, 见 Anna Wierzbicka, *Emotions across Languages and Cultures: Diversity and Universals* (Cambridge: Cambridge University Press, 1999); Cliff Goodard and Anna Wierzbicka, eds., *Words and Meanings: Lexical Semantics across Domains, Languages, and Cultures* (New York: Oxford University Press: 1991); Catherine Lutz, *Unnatural Emotions: Everyday Sentiments on a Micronesian Atoll and Their Challenge to Western Theory* (Chicago: University of Chicago Press, 1988)。

3. Thomas J. Scheff, "Shame and the Social Bond: A Sociological Theory," *Sociological Theory* 18, no. 1 (2000): 84–99.

4. Janine Wedel, *Unaccountable: How Elite Power Brokers Corrupt our Finances, Freedom, and Security* (San Jose, Calif.: Pegasus, 2014), 211.

5. Ute Frevert, "Shame and Humiliation," *History of Emotions—Insights into Research* (October 2015), doi:10.14280/08241.47; Willard Gaylin, quoted in Linda Wolfe, "A Subjective Subject," *New York Times*, February 11, 1979, 3, www.nytimes.com, accessed February 2, 2017.

6. Monica Lewinsky, "Shame and Survival," *Vanity Fair*, June 2014, www.vanityfair.com, accessed June 15, 2015.

7. David Nash and Anne-Marie Kilday, *Cultures of Shame: Exploring Crime and Morality in Britain 1600–1900* (London: Palgrave, 2010); John Demos, "Shame and Guilt in Early New England," in *Emotions and Social Change: Toward a New Psychohistory*, ed. C. Z. Stearns and P. N. Stearns (New York: Holmes and Meier, 1988), 69–86.

8. Olwen A. Bedford, "The Individual Experience of Guilt and Shame in Chinese

Culture," *Culture and Psychology* 10, no. 1 (2004): 29–52; Jin Li, Lianqin Wang, and Kurt Fischer, "The Organization of Chinese Shame Concepts," *Cognition and Emotion* 18, no. 6 (2004): 767–797. 多亏了柯启玄（Norman Kutcher）的中国历史文献研究，我才能再次确认儒家文化受到的关注与当代羞耻作用的研究之间的鸿沟。

9. Susan J. Matt and Peter N. Stearns, eds., *Doing Emotions History* (Urbana: University of Illinois Press, 2014); Ute Frevert, *Emotions in History Lost and Found* (New York: Central European University, 2011); William M. Reddy, *The Navigation of Feeling: A Framework for the History of Emotions* (New York: Cambridge University Press, 2001); Barbara H. Rosenwein, "Worrying about Emotions in History," *American Historical Review* 107 (June 2002): 821.

第一章　探讨羞耻：跨学科语境

1. Jessica L. Tracy, Richard W. Robins, and June Price Tangney, eds., *The Self-Conscious Emotions: Theory and Research* (New York: Guildford Press, 2007).

2. 关于弗洛伊德以及一般意义上羞耻的有害影响，见 Andrew P. Morrison, *The Culture of Shame* (New York: Ballantine Books, 1996), 17; 亦可见 Erik Erikson, *Childhood and Society* (New York: W. W. Norton, 1963)。

3. 感谢琼·唐尼（June Tangney）告诉我这次会议的消息。

4. Michael Lewis, "Self-Conscious Emotions: Embarrassment, Pride, Shame, and Guilt," in *Handbook of Emotions*, edited by Michael Lewis and Jeannette M. Haviland Jones (New York: Guilford Press, 2000), 623–636.

5. 基本的情感问题仍有争议：比如保罗·艾克曼（Paul Ekman）的六种情感理论最近受到了四种情感说法的挑战。这一争论跟羞耻的关系不大，后者可能通过悲伤跟基本情感联系在一起——尽管羞辱导致愤怒、厌恶，可能还有恐惧。不过，问题并不在于羞耻是否是基本的，而在于在我们的分析中是否不可避免，一定出现。见 James A. Russell, "Is There Universal Recognition of Emotion through Facial Expression? A Review of the Cross-Cultural Studies," *Psychological Bulletin* 115 (1994): 102–141。

6. Erikson, *Childhood and Society*.

7. 其他的题外话包括探讨脸红，这从根本上提醒了我们定义羞耻可以有多困难。这是一个令19世纪研究情感的科学家着迷的问题，其中包括查尔斯·达尔文，主要是因为这是一种罕见的其他动物没有的人类情感信号。脸红一方面意味着对于他人在场的自然反应——可能暗示自觉的情感终究还是人类的基本情感。但是得出这一明确结论还要澄清不少复杂状况。首先，不是每一个人都会脸红，连高加索人种也不例外。其次，人感到羞耻的时候可能会脸红，但是惭愧内疚的时候也会，或者更常见的是感到尴尬的时候，而且事实上，听到好消息也会脸红，比如被恭维。对脸红的人来说，这可能只是一种受到他人注视的反应，而不是哪种情感的定义，无论是不是自觉的情感。脸红或许有其意义：尽管脸红可能意味着脆弱，但也会产生温和的社会同情，消除引起羞耻或尴尬的刺激状况。这可能意义重大，因为许多人都难以躲避自觉情感尤其是羞耻带来的不适。脸红的矫正潜能可以帮助个人克服羞耻或尴尬引起的群体反应，对此，日本文化已经有所探讨。但是同样地，总体而言，脸红并不能够给定义的努力提供实在的帮助，其变化莫测的性质使其无法起到更加重要的作用。见 Ray W. Crozier, "Differentiating Shame from Embarrassment," *Emotion Review* 6, no. 30 (2014): 269-276; R. J. Edelman, *The Psychology of Embarrassment* (Chichester, U.K.: Wiley, 1987); C. R. Darwin, *The Expression of the Emotions in Man and Animals* (Chicago: University of Chicago Press, 1965); Gerhart Piers and Milton B. Singer, *Shame and Guilt: A Psychoanalytic and Cultural Study* (New York: Norton, 1971). Mary Ann O'Farrell, *Telling Complexions: The Nineteenth-Century English Novel and the Blush* (Durham, N.C.: Duke University Press, 1997); Katsuaki Suzuki, Nori Takei, Masayoshi Kawai, Yoshio Minabe, and Norio Mori, "Is Taijin Kyofusho a Culture-Bound Syndrome?," *American Journal of Psychiatry* 160, no. 7 (July 2003): 1358。

8. Lewis, "Self-Conscious Emotions," 623-636.

9. Ibid.

10. Brené Brown, "The Power of Vulnerability," filmed June 2010, TEDxKC video, 2010, 20:19, www.ted.com, accessed June 15, 2015.

11. K. V. Korostelina, *Political Insults: How Offenses Escalate Conflict* (Oxford: Oxford University Press, 2014).

12. 一些相反的看法值得注意。关于内在羞耻感，见 Gabriele Taylor, *Pride, Shame, and Guilt: Emotions of Self-Assessment* (Oxford, U.K.: Clarendon Press, 1985); Gerhard Piers and Milton B. Singer, *Shame and Guilt: A Psychoanalytic and a Cultural Study* (Springfield, Ill.: Charles C. Thomas, 1953), 实际上认为羞耻不仅是内在的，而且比罪感更加有用，后者主要集合了过去的惩戒行为，而这有时候令人难堪; Carl Schneider, *Shame, Exposure, and Privacy* (Boston: Beacon Press, 1977), 同样提出了更加乐观的看法，认为如果人能在羞耻导致的不知所措之中保持乐观，就能进行有益的调整; 最后，见 Bernard Arthur Owen Williams, Shame and Necessity (Berkeley: University of California Press, 1993)。

13. Todd Kashdan, *The Upside of Your Dark Side: Why Being Your Whole Self—Not Just Your "Good" Self—Derives Success and Fulfillment* (New York: Hudson Street Press, 2014).

14. June Tangney, et al., "Assessing Jail Inmates' Proneness to Shame and Guilt:

Feeling Bad about the Behavior or the Self?," *Criminal Justice and Behavior* 38, no. 7 (2011): 710–774.

15. D. Stearns and G. W. Parrott, "When Feeling Bad Makes You Look Good: Guilt, Shame, and Person Perception," *Cognition and Emotion* 26 (2012): 407–430.

16. M. W. Sullivan, "The Emotions of Maltreated Children in Response to Success and Failure," 发表于在阿尔伯克基（Albuquerque）举办的儿童发展社会研究（Society for Research in Child Development）双年会, N.M.; N. J. Kaslow, L. P. Rehm, S. L. Pollack, and A. W. Siegel, "Attributional Style and Self-Control Behavior in Depressed and Non-depressed Children and Their Parents," *Journal of Abnormal Child Psychology* 16 (no date): 163–175; K. A. Kendall-Tackett, L. M. Williams, and D. Finkelhor, "Impact of Sexual Abuse on Children: A Review and Synthesis of Recent Empirical Studies," *Psychological Bulletin* 113 (no date): 164–180。

17. J. Tangney, J. Jeffrey Stuewig, and A. Martinez, "Two Faces of Shame: The Roles of Shame and Guilt in Predicting Recidivism," *Psychological Science* 25 (no date): 799–805.

18. James Gilligan, Violence: Reflections on a National Epidemic (New York: Vintage Books, 1997); Marcia Webb et al., "Shame, Guilt, Symptoms of Depression, and Reported History of Psychological Maltreatment," *Child Abuse and Neglect* 31, no. 11 (2007): 1143–1153.

19. S. Pattison, *Shame: Theory, Therapy, Theology* (Cambridge: Cambridge University Press, 2000).

20. Lewis, "Self-Conscious Emotions," 623–636. 心理学家当然可以发现不同的社会利用羞耻执行不同的羞耻标准，例如，有些非常关注通奸，其他的则担忧其他问题，但这不会从根本上改变个人的羞耻体验。

21. Norbert Elias, *The Civilizing Process* (New York: Pantheon Books, 1982); Richard Sennett, *Authority* (New York: W. W. Norton, 1993).

22. "Shame," Merriam-Webster, last modified October 12, 2015, www.merriam-webster.com, accessed January 12, 2016; see also "guilt."

第二章　前现代社会的羞耻与羞辱

1. David Ho, Wai Fu, and S. Ng, "Guilt, Shame and Embarrassment: Revelations of Self and Face," *Culture and Psychology* 10, no. 1 (March 2004): 64–84, esp. 66–67; Stephanie Trigg, *Shame and Honor: A Vulgar History of the Order of the Garter*

(Philadelphia: University of Pennsylvania Press, 2012).

2. Bruce G. Trigger, *Ancient Egypt: A Social History* (New York: Cambridge University Press, 1983), 81.

3. Jennifer L. Goetz and Dacher Keltner, "Shifting Meanings of Self-Conscious Emotions across Cultures: A Social-Functional Approach," in Tracy, Robins, and Tangney, *Self-Conscious Emotions*, 153–173. 关于对前现代的概括性问题, 见 Barbara Rosenwein, *Generations of Feeling: A History of Emotions, 600–1700* (Cambridge: Cambridge University Press, 2015)。

4. Daniel M. T. Fessler, "From Appeasement to Conformity: Evolutionary and Cultural Perspectives on Shame, Competition, and Cooperation," in Tracy, Robins, and Tangney, *Self-Conscious Emotions*, 174–194; Jason P. Martens, Jessica L. Tracy, and Azim F. Shariff, "Status Signals: Adaptive Benefits of Displaying and Observing the Nonverbal Expressions of Pride and Shame," *Cognition and Emotion* 36, no. 3 (2012): 390–406; Paul D. MacLean, "Brain Evolution Relating to Family, Play and the Separation Call," *Archives of General Psychiatry* 42, no. 4 (1985): 405–417.

5. Michelle Z. Rosaldo, "The Shame of Headhunters and the Autonomy of Self," *Ethos* 11, no. 3 (1 October 1983): 135–151; Robert Knox Dentan, *The Semai: A Nonviolent People of Malaya* (New York: Holt, Rinehart, and Winston, 1968), 68–70; Jean L. Briggs, *Never in Anger* (Cambridge, Mass.: Harvard University Press, 1970), 350; Harry Blagg, "A Just Measure of Shame? Aboriginal Youth and Conferencing in Australia," *British Journal of Criminology* 37 (1997): 481–501.

6. 在一场关于羞耻的社会作用的重要讨论中, 羞耻的正面功能被强调, 而非轻率地概括罪感文化的优越性, 见 Piers and Singer, *Shame and Guilt*。

7. Naomi Kipury, *Oral Literature of the Masai* (Nairobi: Heinemann Educational Books, 1982), 43, accessed at Hathi Trust Digital Library, www.hathitrust.org.

8. D. M. T. Fessler, "Shame in Two Cultures: Implications for Evolutionary Approaches," *Journal of Cognition and Culture* 4 (2004): 207–62.

9. Robert I. Levy, *Tahitians: Mind and Experience in the Society Islands* (Chicago: University of Chicago Press, 1975).

10. Thomas Gregor, *The Mehinaku: The Dream of Daily Life in a Brazilian Indian Village* (Chicago: University of Chicago Press, 2009), 220–222. 当然还有其他, 比如 Catherine A. Lutz, *Unnatural Emotions: Everyday Sentiments on a Micronesian Atoll and Their Challenge to Western Theory* (Chicago: University of Chicago Press, 1988)。

11. Fessler, "From Appeasement to Conformity," 174–194.

12. M. E. J. Richardson, trans., *Hammurabi's Laws* (London: T&T Clark International, 2000), 27.

13. Trigger, *Ancient Egypt*, 81.

14. Christina Tarnopolsky, "Prudes, Perverts, and Tyrants: Plato and the Contemporary Politics of Shame," *Political Theory* 32, no. 4 (August 2004): 468–494.

15. Cynthia Patterson, *The Family in Greek History* (Cambridge, Mass.: Harvard University Press, 1998), 178–179.

16. Williams, *Shame and Necessity*.

17. Aristotle quoted in Jennifer Welchman, "Virtue Ethics and Human Development: A Pragmatic Approach," in Stephen Mark Gardiner, ed., *Value Ethics, Old and New* (Ithaca, N.Y.: Cornell University Press, 2005), 149.

18. David Konstan, *The Emotions of the Ancient Greeks: Studies in Aristotle and Classical Literature* (Toronto: University of Toronto Press, 2007), 91–110; Konstan, "Shame in Ancient Greece," *Social Research* 70, no. 4 (2003): 1031–1060, esp. 1040.

19. Goetz and Keltner, "Shifting Meanings of Self-Conscious Emotions"; *Trigg, Shame and Honor*: Ho, Fu, and Ng, "Guilt, Shame and Embarrassment."

20. Jane Geaney, "Guarding Moral Boundaries: Shame in Early Confucianism," *Philosophy East and West* 54, no. 2 (April 2004): 113–142.

21. Bryan W. Van Norden, "The Emotion of Shame and the Virtue of Righteousness in Mencius," *Dao* 2, no. 1 (2002): 45–77, esp. 63; Geaney, "Guarding Moral Boundaries"; Antonio S. Cua, "The Ethical Significance of Shame: Insights of Aristotle and Xunzi," *Philosophy East and West* (2003): 147–202; Bongrae Seok, "Moral Psychology of Shame in Early Confucian Philosophy," *Frontiers of Philosophy in China* 10, no. 1 (2015): 21–57.

22. Anne Behnke Kinney, *Chinese Views of Childhood* (Honolulu: University of Hawaii Press, 1995), 83. 可惜的是，这本研究中国童年史的最佳著作聚焦于晚期的方方面面，没有直接提到羞耻，尽管如此，这本著作里面的大的家庭背景仍然值得关注; Ping-Chen Hsiung, *A Tender Voyage: Children and Childhood in Late Imperial China* (Stanford, Calif.: Stanford University Press, 2005)。

23. Anne Behnke Kinney, *Representations of Childhood and Youth in Early China* (Stanford, Calif.: Stanford University Press, 2004).

24. Beryl Rawson, *Marriage, Divorce, and Children in Ancient Rome* (Canberra: Humanities Research Centre, 1991), 153.

25. David Hunt, *Parents and Children in History: The Psychology of Family Life in Early Modern France* (New York: Basic Books, 1970).

26. Hugh D. R. Baker, *Chinese Family and Kinship* (New York: Columbia University Press, 1979), 124.

27. Hsien Chin Hu, "The Chinese Concepts of 'Face,' " *American Anthropologist* 46, no. 1 (1944): 45–64.

28. Cited in Sara Forsdyke, *Slaves Tell Tales: And Other Episodes in the Politics of Popular Culture in Ancient Greece* (Princeton, N.J.: Princeton University Press, 2012), 11.

29. Patterson, *Family in Greek History*.

30. Christian Lange, "Legal and Cultural Aspects of Ignominious Parading (Tashhir) in Islam," *Islamic Law and Society* 14, no. 1 (2007): 97.

31. Peter Burke, *Popular Culture in Early Modern Europe* (Surrey: Ashgate, 2009); E. P. Thompson, *Customs in Common* (New York: New Press, 1991).

32. Kate Rousmaniere, *The Principal's Office: A Social History of the American School Principal* (Albany: State University of New York, 2013), 30.

33. Robert Muchembled, Popular Culture and Elite Culture in France, 1400–1750, trans. *Lydia Cochrane* (Baltimore, Md.: Johns Hopkins University Press, 1985); Nash and Kilday, *Cultures of Shame*.

34. Michel Foucault, *Discipline and Punish: The Birth of the Prison* (New York: Vintage Books, 1995); Joel F. Harrington, *The Faithful Executioner: Life and Death, Honor and Shame in the Turbulent Sixteenth Century* (New York: Picador, 2013).

35. Lisa Ann Raphals, *Sharing the Light Representations of Women and Virtue in Early China* (Albany: State University of New York Press, 1998), 236.

36. Usha Menon and Richard A. Shweder, "Kali's Tongue: Cultural Psychology and the Power of Shame in Orissa, India," in *Emotion and Culture: Empirical Studies of Mutual Influence*, ed. Shinobu Kitayama and Hazel Rose Markus (Washington, D.C.: American Psychological Association, 1995), 241–285, esp. 247, 252.

37. Jean G. Peristiany, ed., *Honour and Shame: The Values of Mediterranean Society* (Chicago: University of Chicago Press, 1966).

38. Anne Cheng, "Filial Piety with a Vengeance: The Tension between Rites and Law in the Han," *Filial Piety in Chinese Thought and History*, ed. Alan Kam-leung Chan and Sor-hoon Tan (London: Routledge Curzon, 2004), 32.

39. Eiko Ikegami, "Shame and the Samurai: Institutions, Trustworthiness, and Autonomy in the Elite Honor Culture," in "Shame," special issue, *Social Research* 70, no. 4 (winter 2003): 1353–1354; Ivan Morris, *Nobility of Failure: Tragic Heroes in the History of Japan* (Fukuoka, Japan: Kurodahan Press, 2013), 244; Peter N.

Stearns, *Jealousy: The Evolution of an Emotion in American History* (New York: New York University Press, 1989), 15.

40. Dov Cohen, Joseph Vandello, and Adrian K. Rantilla, "The Sacred and the Social: Cultures of Honor and Violence," *Shame: Interpersonal Behavior, Psychopathology, and Culture*, ed. Paul Gilbert and Bernice Andrews (New York: Oxford University Press, 1998), 261–282.

41. Ikegami, "Shame and the Samurai"; Morris, *Nobility of Failure*, 244.

42. Lama Abu Odeh, "Honor Killings and the Construction of Gender in Arab Societies," in "Critical Directions in Comparative Family Law," special issue, *American Journal of Comparative Law* 58, no. 4 (fall 2010): 911–952.

43. Sarah B. Pomeroy, *Families in Classical and Hellenistic Greece: Representations and Realities* (Oxford, U.K.: Clarendon Press, 1997), 83.

44. Takie Sugiyama Lebra, "The Social Mechanism of Guilt and Shame: The Japanese Case," *Anthropological Quarterly* 44, no. 4 (October 1971): 241–255; Benedict, *Chrysanthemum and the Sword*; Helen Merrell Lynd, *On Shame and the Search for Identity* (London: Routledge, 1999).

45. 亦可参见另一个有趣的说法, 6世纪的雅典人已经形成了罪感, 而不是依赖于对舆论的恐惧, 见 Emiel Eyben, *Restless Youth in Ancient Rome* (London: Routledge, 1993)。

46. David Lester, "The Role of Shame in Suicide," *Suicide and Life-Threatening Behavior* 27, no. 4 (winter 1997): 352–360.

47. John Braithwaite, "Shame and Modernity," *British Journal of Criminology* 33, no. 1 (winter 1993): 1–18.

48. 一个关于隐藏边界的例子, 见 Marc J. Swartz, "Shame, Culture, and Status among the Swahili of Mombasa," *Ethos* 16, no. 1 (March 1988): 21–51。

49. John Demos, *Past, Present, and Personal: The Family and the Life Course in American History* (New York: Oxford University Press, 1986).

50. Anne McTaggart, *Shame and Guilt in Chaucer* (New York: Palgrave Macmillan, 2012); Robert Kolb, *Martin Luther as Prophet, Teacher, Hero: Images of the Reformer, 1520–1620* (Grand Rapids, Mich.: Baker Books, 1999); Barbara H. Rosenwein, *Emotional Communities in the Early Middle Ages* (Ithaca, N.Y.: Cornell University Press, 2006); Leon Wurmser, *The Mask of Shame* (Baltimore, Md.: Johns Hopkins University Press, 1981), 17; Virginia Burrus, *Saving Shame: Martyrs, Saints, and Other Abject Subjects* (Philadelphia: University of Pennsylvania Press, 2011), 54, on Tartullian.

51. Damien Boquet and Piroska Nagy, *Sensible Moyen Âge. Une histoire des émotions*

dans l'Occident medieval (Paris: Seuil, 2015), 4, 135.

52. Burrus, *Saving Shame*, 7.

53. Mary C. Flannery, "The Concept of Shame in Late-Medieval English Literature," *Literature Compass* 9, no. 2 (2012): 166-82, esp. 166, 167; Burrus, *Saving Shame*; Brian Cummings, "Animal Passions and Human Sciences: Shame, Blushing, and Nakedness in Early Modern Europe and the New World," in *At the Borders of the Human: Beasts, Bodies and Natural Philosophy in the Early Modern Period*, ed. Erica Fudge, Ruth Gilbert, and Susan Wiseman (London: Macmillan Press, 1999), 26-50; E. R. Dodds, *The Greeks and the Irrational* (Berkeley: University of California Press, 1951); Ewan Fernie, *Shame in Shakespeare* (London: Routledge, 2002); Gail Kern Paster, *The Body Embarrassed: Drama and the Disciplines of Shame in Early Modern England* (New York: Cornell University Press, 1993); Stephanie Trigg, " 'Shamed Be...' : Historicizing Shame in Medieval and Early Modern Courtly Ritual," *Exemplaria* 19 (2007): 67-89; Trigg, *Shame and Honor*; Barbara Hanawalt, *Of Good and Ill Repute: Gender and Social Control in Medieval England* (New York: Oxford University Press, 1998).

54. 研究前现代历史中的情感的另一种方法需要追溯个别情感群体的模式。芭芭拉·罗森宛恩（Barbara Rosenwein）发展了这种方法，强调了前现代西方经验的多样性。根据她最近的说法，羞耻在有些社区是主要的情感因素，通过其必然带来的痛苦而促进了美德和对基督的虔诚，或者在牵涉家族荣誉的时候，给人以比死更加痛苦的体验；但是这在其他例子中没有那么明显。Rosenwein, *Generations of Feeling*, 201-205.

55. Stanley W. Jackson, *Melancholia and Depression: From Hippocratic Times to Modern Times* (New Haven, Conn.: Yale University Press, 1990).

56. 另一个值得探讨的相关领域与荣誉的兴起相关，就是基督教约束任何可能导致自杀的极端羞耻的努力。2000年的一项研究表明，西欧迥异于罗马早期或者同时代的东亚，很少发生羞耻引起的自杀，直到18世纪才有所改变。Marzio Barbagli, *Farewell to the World: A History of Suicide* (New York: Macmillan Reference, 2000), 304-305.

57. Trigg, *Shame and Honor*, 67-89.

58. Fernie, *Shame in Shakespeare*.

59. Trigg, *Shame and Honor*, 85.

60. Cited in Paster, *Body Embarrassed*, 38; Cummings, "Animal Passions and Human Sciences" ; Erica Fudge, Ruth Gilbert, and S. J. Wiseman, *At the Borders of the Human: Beasts, Bodies and Natural Philosophy in the Early Modern Period* (New York: St. Martin's Press, 1999), 26-50.

61. Boquet and Nagy, *Sensible Moyen Âge*; Bénédicte Sère and Jörg Wettlaufer eds.,

Shame between Punishment and Penance: The Social Usages of Shame in the Middle Ages and Early Modern Times (Florence: Micrologus Library, 2013).

62. Jacques Le Goff and Jean-Claude Schmitt, eds., *Le Charivari* (Paris: Editions de l'EHESS, 1981); Muchembled, *Popular Culture and Elite Culture*.

63. Norbert Elias, *The Civilizing Process* (New York: Pantheon Books, 1982); see also Paster, *Body Embarrassed*.

64. Elias, *Civilizing Process*, 130, 139.

65. Kathryn Preyer, "Penal Measures in the American Colonies: An Overview," *American Journal of Legal History* 26, no. 4 (October 1982): 326–353, 333.

66. Demos, "Shame and Guilt," 72–74.

67. Gregory LeFever, "Shame on You!" *Early American Life* (August 2009): 63; Marquis Eaton, "Punitive Pain and Humiliation," *Journal of Criminal Law and Criminology* 6, no. 6 (May 1915–March 1916): 894–907.

68. Preyer, "Penal Measures in the American Colonies."

69. Demos, "Shame and Guilt," 72–74.

70. Amitai Etzioni, "Back to the Pillory?" *American Scholar* 68, no. 3 (summer 1999): 43–50; Norval Morris and David J. Rothman, *The Oxford History of the Prison: The Practice of Punishment in Western Society* (New York: Oxford University Press, 1995); Lawrence Meir Friedman, *Crime and Punishment in American History* (New York: Basic Books, 1993); Thomas G. Blomberg and Karol Lucken, *American Penology: A History of Control* (New Brunswick, N.J.: Transaction Publishers, 2010); Thomas G. Blomberg and Stanley Cohen, *Punishment and Social Control* (New York: Aldine de Gruyter, 2003).

71. Cited in Demos, "Shame and Guilt," 72.

72. Ibid.

73. John D'Emilio and Estelle B. Freedman, *Intimate Matters: A History of Sexuality in America* (New York: Harper and Row, 1988), 21.

74. Thomas Shepard, *God's Plot: the Paradoxes of Puritan Piety* (Amherst: University of Massachusetts Press, 1972), 26; Isaac Pennington quoted in Philip J. Greven, *The Protestant Temperament: Patterns of Child-Rearing, Religious Experience, and the Self in Early America* (Chicago: University of Chicago Press, 1988), 125; the Rev. Michael Wigglesworth quoted in Rom Harre and W. Gerrod Parrott, eds., *The Emotions: Social, Cultural, and Biological Dimensions* (London: Sage, 1996), 80; Demos, "Shame and Guilt," 72.

75. Michael Stephen Hindus, *Prison and Plantation: Crime, Justice, and Authority in Massachusetts and South Carolina, 1767–1878* (Chapel Hill: University of North

Carolina Press, 1980), 45–48.

76. Demos, *Past, Present, and Personal; John Demos, A Little Commonwealth: Family Life in Plymouth Colony*, 2nd ed. (New York: Oxford University Press, 2000); Greven, *Protestant Temperament.*

77. Mather quoted in Greven, *Protestant Temperament*, 54–56; Demos, *Little Commonwealth.*

第三章　现代性的冲击：一些可能性

1. 最新的概述, 可参见Jan Plamper, "The History of Emotions: An Interview with William Reddy, Barbara Rosenwein and Peter Stearns," *History and Theory* 49 (May 2010): 237–265; see also Rosenwein, "Worrying about Emotions in History"。

2. Peter N. Stearns, "Modern Patterns in Emotions History," in Matt and Stearns, *Doing Emotions History*, 17–40; Susan J. Matt, *Homesickness: An American History* (New York: Oxford University Press, 2011); Susan J. Matt, *Keeping Up with the Joneses: Envy in American Consumer Society, 1890–1930* (Philadelphia: University of Pennsylvania Press, 2013).

3. Fessler, "From Appeasement to Conformity."

4. Adam J. Hirsch, "From Pillory to Penitentiary: The Rise of Criminal Incarceration in Early Massachusetts," *Michigan Law Review* 80, no. 6 (1982): 1179–1269.

5. Albert O. Hirschman, *The Passions and the Interests Political Arguments for Capitalism before Its Triumph* (Princeton, N.J.: Princeton University Press, 1997).

6. William M. Reddy, *The Invisible Code Honor and Sentiment in Postrevolutionary France, 1814–1848* (Berkeley: University of California Press, 1997).

7. Peter N. Stearns, *Schools and Students in Industrial Society: Japan and the West, 1870–1940* (Boston: Bedford Books, 1998), 119–124.

8. Ying Wong and Jeanne Tsai, "Cultural Models of Shame and Guilt," in *Handbook of Self-Conscious Emotions*, ed. J. Tracy, R. Robins, and J. Tangney (New York: Guilford Press, 2007), 210–223; Sungeun Yang and Paul C. Rosenblatt, "Shame in Korean Families," *Journal of Comparative Family Studies* 32, no. 3 (summer 2001): 361–375; Bedford, "Individual Experience"; Zhimin Zou and Dengfeng Wang, "Guilt Versus Shame: Distinguishing the Two Emotions from a Chinese Perspective," *Social Behavior and Personality* 37, no. 5 (2009): 601–604; Ji Li, Wang, and Fischer, "Organization of Chinese Shame Concepts."

9. Heidi Fung, "Becoming a Moral Child: The Socialization of Shame among Young Chinese Children," *Ethos* 27, no. 2 (1999): 180–209.

10. Wong and Tsai, "Cultural Models"; Fung, "Becoming a Moral Child."

11. Michael Bond, "Emotions and Their Expression in Chinese Culture," *Journal of Nonverbal Behavior* 17, no. 4 (1993): 245–262; Daniel Bahk, "Excommunication and Shunning: The Effect on Korean Churches in America as a Social Networking Structure," *Rutgers Journal of Law and Religion* 3 (2002), http://lawandreligion. com (accessed January 19, 2016); Sam Louie, "Asian Shame and Honor," Minority Report, *Psychology Today*, June 29, 2014, www.psychologytoday.com (accessed January 19, 2016); Young Gweon You, "Shame and Guilt Mechanisms in East Asian Culture," *Journal of Pastoral Care* 51, no. 1 (spring 1997), accessed at http:// jafriedrich.de (January 19, 2016).

12. Ute Frevert, "Shame and Humiliation," *History of Emotions—Insights into Research* (October 2015), doi: 10.14280/08241.47.

13. Yang and Rosenblatt, "Shame in Korean Families."

14. Fessler, "From Appeasement to Conformity."

15. Murong Xuecun, "China's Tradition of Public Shaming Thrives," Opinion Pages, *New York Times*, March 20, 2015, www.nytimes.com (accessed August 12, 2015). 其他重要的改造也可以成为当代羞耻历史研究的一部分。在印度, 传统的公开羞辱衰落之后, 兴起了新的方法来规训女性行为: 尖刻攻击拒绝求婚者的女性, 有些男性出于嫉妒或者嫁妆纷争, 给她们泼污水。这种新做法令人害怕, 但是强化社会标准的永久羞耻污点的观念深深地根植于社群习俗。有趣的是, 抗议这种给人制造污名做法的群体, 试图以"羞耻污点"的口号来唤起大众的愤慨。见 Frevert, "Shame and Humiliation."

第四章　重思现代社会的羞耻: 19世纪和20世纪

1. Nathaniel Hawthorne, *The Scarlet Letter* (Project Gutenberg EBook, 1992). 感谢 Roger Lathbury 给我提供专业的霍桑作品介绍。

2. Demos, "Shame and Guilt."

3. 这一分析建立在谷歌图书词频统计器和《纽约时报》纪事"数据库查找之上。相关的"罪感"和"尴尬"的使用频率模式有所不同。罪感实际上一度比羞耻衰落更快——这可能说明了有必要做进一步的分析, 但在20世纪20年代之后很快就反弹, 超过了羞耻, 这正符合迪莫斯的预料。尴尬则不同, 在19世纪初有所上升, 然后就稳定不变——这意味着我们将会看到它在最近的几十年里其实没有取代羞耻, 相比于尴尬的水平轨迹, 后者的使用频率提高了。

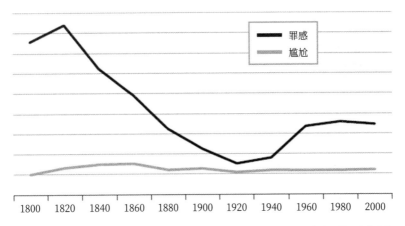

图表9　从1800年到2000年，"罪感"（guilt）与"尴尬"（embarrassment）在美国英语和英国英语中的出现频率。资料来源：谷歌词频统计器。

4.　Demos, "Shame and Guilt."

5.　Benjamin Rush, "An Enquiry into the Effects of Public Punishments Upon Criminals, and Upon Society, read in the Society for Promoting Political Enquiries, convened at the House of His Excellency Benjamin Franklin, Esquire in Philadelphia, March 9th 1787, (Philadelphia: Printed by Joseph James in Chestnut Street, 1787)," accessed September 28, 2016, at Readex, a Division of News Bank database.

6.　Nash and Kilday, *Cultures of Shame*, ch. 5.

7.　Robert Graham Caldwell, *Red Hannah: Delaware's Whipping Post* (Philadelphia: University of Pennsylvania Press, 1947).

8.　David J. Rothman, *The Discovery of the Asylum: Social Order and Disorder in the New Republic* (Boston: Little, Brown, 1990).

9.　Thomas J. Blomberg, *Juvenile Court and Community Corrections* (Lanham, Md.: University Press of America, 1984).

10.　Friedman, *Crime and Punishment*, 75.

11.　Adam Jay Hirsch, *The Rise of the Penitentiary: Prisons and Punishment in Early America* (New Haven, Conn.: Yale University Press, 1992), 242.

12.　Hirsch, "From Pillory to Penitentiary."

13.　Caldwell, *Red Hannah*, 19, 72.

14.　E. Bruce Thompson, "Reforms in the Penal System of Tennessee, 1820–1850,"

Tennessee Historical Quarterly 1, no. 4 (1942): 291–308.

15. Jacob Abbott, *The Mother at Home and the Principles of Maternal Duty* (Boston: N.p., 1834), 86.

16. Catherine Sedgwick, *Home* (Boston: N.p., 1834); Demos, *Past, Present, and Personal*.

17. Demos, *Past, Present, and Personal*.

18. Catharine Beecher, *Treatise on Domestic Economy* (Boston: T. H. Webb, 1842), 220–233, accessed September 28, 2016, at the Institute for Advanced Technology in the Humanities, the University of Virginia.

19. Lydia Child, *The Mother's Book* (Boston: Carter, Hendee and Babcock, 1831), 6–10, accessed September 28, 2016, at HathiTrust Digital Library, www.hathitrust.org.

20. Felix Adler, *The Moral Instruction of Children* (New York: D. Appleton, 1892), accessed September 28, 2016, at HathiTrust; Alice Birney, *Childhood* (New York: F. A. Stokes, 1905), 57, accessed September 28, 2016, at HathiTrust; Edwin Kirkpatrick, Fundamentals of Child Study (New York: MacMillan, 1929), 128–129, accessed September 28, 2016, at HathiTrust.

21. J. Sidonie Gruenberg, *Guide to Everyday Problems of Boys and Girls* (New York: Random House, 1958), 64–67.

22. Benjamin Spock, *Baby and Child Care* (New York: Pocket Books, 1976), 322, 464–466; Benjamin Spock and Steven J. Parker, *Baby and Child Care* (New York, 1998), 464–466; Benjamin Spock, *Dr. Spock Talks with Mothers: Growth and Guidance* (Boston: Houghton Mifflin, 1961).

23. Benedict, *Chrysanthemum and the Sword*.

24. Kenneth A. Lockridge, *A New England Town: The First Hundred Years, Dedham, Massachusetts, 1636–1736* (New York: Norton, 1970); John Braithwaite, *Crime, Shame, and Reintegration* (Cambridge: Cambridge University Press, 1989).

25. Hirsch, "From Pillory to Penitentiary."

26. Lynn Avery Hunt, *Inventing Human Rights: A History* (New York: W. W. Norton, 2008).

27. Nicole Eustace, *Passion Is the Gale: Emotion, Power, and the Coming of the American Revolution* (Chapel Hill: University of North Carolina Press, 2008), 353. Colin Campbell, *The Romantic Ethic and the Spirit of Modern Consumerism* (Oxford, U.K.: Basil Blackwell, 1987); Dror Wahrman, *The Making of the Modern Self Identity and Culture in Eighteenth Century England* (New Haven, Conn.: Yale University Press, 2004).

28. Frederick S. Lane, *American Privacy: The 400-Year History of Our Most Contested Right* (Boston: Beacon Press, 2009); Sarah Knott, *Sensibility and the American Revolution* (Chapel Hill: University of North Carolina Press, 2009).

29. Lane, *American Privacy; Greven, Protestant Temperament*.

30. Steven Mintz, *Huck's Raft: A History of American Childhood* (Ann Arbor: University of Michigan, 2009), ch. 4.

31. Peter N. Stearns, "Obedience and Emotion: A Challenge in the Emotional History of Childhood," *Journal of Social History* 47, no. 3 (2014): 593–611.

32. Ibid.

33. Mintz, Huck's Raft, ch. 4; Stearns, "Obedience and Emotion."

34. Bertram Wyatt-Brown, *Southern Honor Ethics and Behavior in the Old South* (New York: Oxford University Press, 2007).

35. Ibid., 353.

36. Friedman, *Crime and Punishment*.

37. D'Emilio and Freedman, *Intimate Matters*, 77.

38. John F. Kasson, *Rudeness and Civility: Manners in Nineteenth-Century Urban America* (New York: Hill and Wang, 1990), 168.

39. D'Emilio and Freedman, *Intimate Matters*; Cas Wouters, *Sex and Manners: Female Emancipation in the West, 1890–2000* (Thousand Oaks, Calif.: Sage, 2004).

40. Carl F. Kaestle, "Social Change, Discipline, and the Common School in Early Nineteenth-Century America," *The Journal of Interdisciplinary History* 9, no. 1 (1978): 1–17. 这一部分与 Clio Stearns 合作完成, 在此致谢。

41. Heather A. Weaver, "Object Lessons: A Cultural Genealogy of the Dunce Cap and the Apple as Visual Tropes of American Education," *Paedagogica Historica* 48, no. 2 (2012): 215–241.

42. William Holmes McGuffey, *McGuffey's Third Eclectic Reader* (New York: American Book, 1920).

43. Laura Ingalls Wilder, *Farmer Boy* (New York: HarperCollins, 1981), 9–10.

44. Kaestle, "Social Change, Discipline."

45. Jacob Middleton, "The Experience of Corporal Punishment in Schools, 1890–1940," *History of Education* 37, no. 2 (2008): 253–275.

46. Sandra Rollings-Magnusson, "Slates, Tarpaper Blackboards, and Dunce Caps: One-Room Schoolhouse Experiences of Pioneer Children in Saskatchewan, 1878–1914," *Prairie Forum* 35, no. 1 (2010): 21–52.

47. Laura Ingalls Wilder, *Little House on the Prairie* (New York: HarperCollins, 1981).

48. Carol Ryrie Brink, *Caddie Woodlawn* (New York: Aladdin Books; London: Collier

Macmillan, 1990).

49. Sophia Wyatt, *The Autobiography of a Landlady of the Old School: with personal sketches of eminent characters, places, and miscellaneous items* (Boston: Wright and Hasty Printers, 1854), accessed September 28, 2016, at HathiTrust.

50. William Hawley Smith, "Weergo, Weergeeneese," *Missouri School Journal* (August 1898): 499–501.

51. Franklin C. Brownell, "Ends and Means in Teaching," *Connecticut Common School Journal and Annals of Education* 9 (Case, Tiffany and Burnham, 1854), 388.

52. John R. Shook, *Dewey's Social Philosophy: Democracy as Education* (New York: Palgrave Macmillan, 2014).

53. Alistair McCartney, *The End of the World Book: A Novel* (Madison: University of Wisconsin Press, 2008).

54. Keastle, "Social Change, Discipline."

55. Vincent Vinikas, "Lustrum of the Cleanliness Institute, 1927–1932," *Journal of Social History* 22, no. 4 (1989): 613–30.

56. Erikson, *Childhood and Society*.

57. "Maintaining Classroom Discipline," Teacher Education Series, McGraw-Hill, 1947, YouTube video, 13:43, posted by "rosaryfilms," June 16, 2007, www.youtube.com/watch?v=gHzTUYAOkPM, accessed September 28, 2016.

58. Kate Rousmaniere, *The Principal's Office: A Social History of the American School Principal* (Albany: SUNY Press, 2014).

59. Peter N. Stearns, *Anxious Parents: A History of Modern Childrearing in America* (New York: New York University Press, 2003).

60. Maureen Stout, *The Feel-Good Curriculum: The Dumbing-Down of America's Kids in the Name of Self-Esteem* (Cambridge, Mass.: Perseus Books, 2000).

61. Barry Leibowitz, "Punishment by Idaho Teacher Gets Poor Marks from Parents; School District, Teachers Investigate," CBS News, November 21, 2012, www.cbsnews.com, accessed August 12, 2015; Joel Landau, "Ohio Teacher Fired after Confronting Elementary School Bully," *New York Daily News*, May 17, 2015, www.nydailynews.com, accessed August 12, 2015.

62. 有关羞辱在教师实践中的延续及其有害的心理影响，见R. Leitch, "The Shaming Game: The Role of Shame and Shaming Rituals in Education and Development," paper presented at the American Educational Research Association, Montreal, 1999; J. Luby et al., "Shame and Guilt in Preschool Depression: Evidence for Elevations in Self-Conscious Emotions in Depression as Early as Age 3," *Journal of Child Psychology and Psychiatry* 50, no. 9: 1156–1166; A. Monroe, "Shame Solutions:

How Shame Impacts School-Aged Children and What Teachers Can Do to Help," *Education Forum* 73, no. 1 (2009): 58–66.

63. Dave Foley, "6 Classroom Management Tips Every Teacher Can Use," National Educations Association, undated, www.nea.org/tools/51721.htm, accessed August 12, 2015. 关于"数据墙"运动, 见 Launa Hall, "This Tool Meant to Motivate Students Shames Them Instead," Outlook, *Washington Post*, May 22, 2016。

64. Peter N. Stearns, *American Cool: Constructing a Twentieth-Century Emotional Style* (New York: New York University Press, 1994); Anthony E. Rotundo, *American Manhood Transformations in Masculinity from the Revolution to the Modern Era* (New York: Basic Books, 1993).

65. George Chauncey, *Gay New York: Gender, Urban Culture, and the Makings of the Gay Male World, 1890–1940* (New York: Basic Books, 1994).

66. 找到体育羞辱的起源异常困难, 尤其是教练实施的那些, 在此感谢 Ron Smith, Michael Oriard, and Richard Crepau 等学者的建议。亦可参见 Michael Oriard, *King Football: Sport and Spectacle in the Golden Age of Radio and Newsreels, Movies and Magazines, the Weekly and the Daily Press* (Chapel Hill: University of North Carolina Press, 2001), esp. 146–161, and Ron Smith, ed., *Big-Time Football at Harvard, 1905: The Diary of Coach Bill Reid* (Urbana: University of Illinois Press, 1994), 85–86, 301。

67. Todd M. Kays and Jack Schlabig, "Stop the Shame in Youth Sports: The Problem with 'Shaming' and Youth Sports," blog, *Athletic Mind Institute: Sport and Performance Psychology*, www.athleticmindinstitute.com, accessed August 12, 2015. 羞耻在入门阶段之后的音乐和舞蹈教学的作用, 同样值得关注。

68. Scott A. Sandage, *Born Losers: A History of Failure in America* (Cambridge, Mass.: Harvard University Press, 2005), 16.

69. Richard Sennett, *Authority* (New York: W. W. Norton, 1993), 47; Richard Sennett, *The Hidden Injuries of Class* (New York: Norton, 1993), 96.

70. Helen Merrell Lynd, *On Shame and the Search for Identity* (London: Routledge, 1999).

71. Sandage, *Born Losers*.

72. Sennett, *Authority*.

73. Jennifer D. Keene, Doughboys, *the Great War, and the Remaking of America* (Baltimore, Md.: Johns Hopkins University Press, 2003), 11 and passim; Chris Walsh, *Cowardice: A Brief History* (Princeton, N.J.: Princeton University Press, 2014).

74. Ute Frevert, "Piggy's Shame," in *Learning How to Feel: Children's Literature and*

Emotional Socialization, 1870–1970 (Oxford: Oxford University Press, 2014), 134–154.

75. Nash and Kilday, *Cultures of Shame*. 英国跟美国一样，"侮辱"的使用频率减少了。

76. Wahrman, *Making of the Modern Self*.

77. "A Bill to Abolish the Punishment of the Pillory," *House of Commons Parliamentary Papers: 19th Century, 1801–1900*, vol. 2, ProQuest.

78. Emma Griffin, "The 'Urban Renaissance' and the Mob: Rethinking Civic Improvement over the Long Eighteenth Century," in *Structures and Transformations in Modern British History*, ed. David Feldman and Jon Lawrence (New York: Cambridge University Press, 2011), 54–73.

79. François Billacois, *The Duel: Its Rise and Fall in Early Modern France* (New Haven, Conn.: Yale University Press, 1990), 206; Ute Frevert, *Men of Honour: A Social and Cultural History of the Duel* (Cambridge, Mass.: Blackwell Publishers, 1995).

80. William M. Reddy, *The Invisible Code: Honor and Sentiment in Postrevolutionary France, 1814–1848* (Berkeley: University of California Press, 1997), 135–137.

81. Erika Vause, "'The Business of Reputations': Secrecy, Shame, and Social Standing in Nineteenth-Century Debtors' and Creditors' Newspapers," *Journal of Social History* 48, no. 1 (2014): 47.

82. Fabrice Virgili, *Shorn Women: Gender and Punishment in Liberation France* (Oxford, U.K.: Berg, 2002).

第五章　羞耻的复兴：当代史

1. Robert D. Putnam, *Bowling Alone: The Collapse and Revival of American Community* (New York: Simon and Schuster, 2000).

2. David Riesman, *The Lonely Crowd: A Study of the Changing American Character* (Garden City, N.Y.: Doubleday, 1953).

3. Peter Salovey, *The Psychology of Jealousy and Envy* (New York: Guilford Press, 1991); Shula Somers, "Adults Evaluating Their Emotions: A Cross-Cultural Perspective," *Emotion in Adult Development*, ed. Carol Z. Malatesta and Carroll Elliz Izard (Beverly Hills, Calif.: Sage Publications, 1984).

4. Deborah Cohen, *Family Secrets: Shame and Privacy in Modern Britain* (New York: Oxford University Press, 2013), 2, 206, 252.

5. 例如，玛莎·努斯鲍姆写到越来越多人公开要求运用羞耻和反感来污名化他人，但是不要公开此人的家庭，Martha Craven Nussbaum, *Hiding from Humanity: Disgust, Shame*

and the Law (Princeton, N.J.: Princeton University Press, 2004), 17。

6. 这一分析基于谷歌图书词频统计器和《纽约时报》纪事"数据库的查找结果。

7. 有趣的是,近几十年来的"侮辱"使用频率跟"羞耻"不同,反而轻微上升,在美国和英国都是这样。

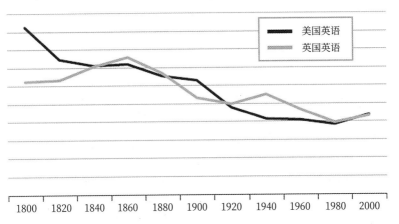

图表10 从1800年到2000年,"侮辱"在美国英语和英国英语中的出现频率。资料来源:谷歌图书词频统计器。

8. See Melissa Platt and Jennifer J. Freyd, "Betray My Trust, Shame on Me: Shame, Dissociation, Fear, and Betrayal Trauma," *Psychological Trauma: Theory, Research, Practice, and Policy* 7, no. 4 (July 2015): 398–404; R. P. Bagozzi, W. Verbeke, and F. Belschak, "Self-Conscious Emotions as Emotional Systems: the Role of Culture in Shame and Pride Systems," in *Understanding Culture: Theory, Research, and Application* (New York: Psychology Press, 2009), 393–409; S. Dickerson, T. Gruenewald, and M. E. Kemeny, "When the Social Self Is Threatened: Shame, Physiology, and Health," *Journal of Personality* 72, no. 6 (December 2004): 1191–1216.

9. Stephanie Paterik, "How AIDS Advertising Has Evolved from Shock and Shame to Hope and Humor," AdWeek, modified December 1, 2015, www.adweek.com, accessed January 20, 2016.

10. Sharon Lamb, *The Trouble with Blame: Victims, Perpetrators, and Responsibility* (Cambridge, Mass.: Harvard University Press, 1996).

11. Stearns, *Anxious Parents*; "Adolescent Self-Esteem," *Research Facts and Findings,*

ACT Youth Center of Excellence (June 2013).

12. Jeffrey Kluger, "In Praise of the Ordinary Child," *Time*, August 3, (2015).

13. James Gilligan, *Violence: Our Deadly Epidemic and Its Causes* (New York: G. P. Putnam, 1996), 33.

14. June P. Tangney, Jeffrey Stuewig, and Andres G. Martinez, "Two Faces of Shame: The Roles of Shame and Guilt in Predicting Recidivism," *Psychological Science* 23, no. 3 (2014): 799–805; James Gilligan, *Violence: Reflections on a National Epidemic* (New York: Vintage Books, 1997).

15. Brené Brown, "Listening to Shame," filmed March 2012, TED video, 2012, 20:38, www.ted.com, accessed September 28, 2016.

16. Brené Brown, *I Thought It Was Just Me: Women Reclaiming Power and Courage in a Culture of Shame* (New York: Gotham, 2007), 2; Brené Brown, "Shame Perfectionism and Embracing Wholehearted Living," *Iris* 61 (fall 2011): 12–16.

17. Paul Trout, "Shame," *National Forum* 80, no. 4 (fall 2000): 3–7.

18. Brené Brown, *The Gifts of Imperfection: Let Go of Who You Think You're Supposed to Be and Embrace Who You Are* (Center City, Minn.: Hazelden Publishing, 2010), 45–46. Steve Safigan, "Shame Resilience Theory," Positive Psychology Quarterly, May 16, 2012, positivepsychologynews.com, accessed January 25, 2016.

19. Brené Brown, "Shame Resilience Theory: A Grounded Theory Study on Women and Shame," *Iris* 61 (fall 2011): 12–16.

20. Safigan, "Shame Resilience Theory." Brown, "Shame Resilience Theory."

21. Brown, *Gifts of Imperfection*, 40.

22. Brown, *I Thought It Was Just Me*, 2, 272.

23. Nancy F. Cott, *No Small Courage: A History of Women in the United States* (New York: Oxford University Press, 2000).

24. Martin B. Duberman, Martha Vicinus, and George Chauncey, *Hidden from History: Reclaiming the Gay and Lesbian Past* (New York: New American Library, 1989).

25. Eve Kosofsky Sedgwick, "Queer Performativity: Henry James's The Art of the Novel," *GLQ: A Journal of Lesbian and Gay Studies* 1, no. 1 (1993): 1–16.

26. Ian Parker, "The Story of a Suicide: Two College Roommates, a Webcam, and a Tragedy," *New Yorker*, February 6, 2012, www.newyorker.com, accessed September 28, 2016.

27. Scott McCarney, *Saints and Sinners: Gay Pride and Straight Shame* (Rochester, N.Y.: Scott McCarney / Visual Books, 2005), 246–247; Greshen Kaufman, *Coming Out of Shame: Transforming Gay and Lesbian Lives* (New York: Doubleday, 1996).

28. Despo Kritsotaki, "Turning Private Concern into Public Issue: Mental Retardation and Parents' Movements in Post-War Greece," *Journal of Social History* 49, no. 4 (2015): 982–998; James W. Trent Jr., *Inventing the Feeble Mind: A History of Mental Retardation in the United States* (Berkeley: University of California Press, 1994).

29. Anahad O'Connor, "No Grunting, They Said, and He Was at the Gym," *New York Times*, November 18, 2006, www.nytimes.com, accessed January 20, 2016.

30. Drew Harwell and Jena McGregor, "This New Rule Could Reveal the Huge Gap between CEO Pay and Worker Pay," *Washington Post*, August 4 2015, www. washingtonpost.com, accessed January 15, 2016.

31. Amy Farrell, *Fat Shame: Stigma and the Fat Body in American Culture* (New York: New York University Press, 2011).

32. Emily Post, *Etiquette* (New York: Funk and Wagnalls, 1940), 208; Lulu C. Graves, "Coping with Overweight by means of Diet Therapy," *Modern Hospital* 32 (1929): 62, citing comments by a doctor; James McLester, "The Principles Involved in the Treatment of Obesity," *Journal of the American Medical Association* 82 (1924): 2103.

33. "Psychiatrists have exposed the fat person for what he really is—miserable, self-indulgent and lacking in control"; "Girls get fat because they're emotionally disturbed." From "Dieting When You're Unhappy," *Ladies Home Journal* (1969): 62; Hilde Bruch, "Psychological Aspects of Reducing," *Psychosomatic Medicine* 62 (1952): 338.

34. Rachel Fox, "Too Fat to Be a Scientist?," *Chronicle of Higher Education*, July 17, 2014, http://chronicle.com, accessed August 1, 2015; Tara Parker-Pope, "The Fat Trap," *New York Times Magazine*, December 28, 2011, www.nytimes.com, accessed August 1, 2015.

35. Peter N. Stearns, *Fat History: Bodies and Beauty in the Modern West* (New York: New York University Press, 1997).

36. Farrell, *Fat Shame*; Stearns, *Fat History*.

37. Toni M. Massaro, "Shame, Culture, and American Criminal Law," *Michigan Law Review* 89, no. 7 (June 1991): 1880–1944.

38. Massaro, "Shame, Culture," 1925. 羞辱惩罚有时候会跟其他司法创新合在一起, 这可能会有点让人混乱。举个例子, 一个小偷可能会被勒令允许他的受害者到他家偷一件东西。另一个不法之徒则被要求给予他的冒犯对象相关的慈善组织捐款。这类实验很有趣, 也很有想象力, 但是跟羞辱没多大关系。唯一的关联就是替代过去两个世纪的传统模式的明显需求。

39. Stephen P. Garvey, "Can Shaming Punishments Educate?," *University of Chicago Law Review* 65, no. 3 (summer 1998): 733–794.

40. See Dan Kahan, "What Do Alternative Sanctions Mean?" *The University of Chicago Law Review* 63 (1996): 630–653.

41. Amitai Etzioni, "Back to the Pillory?," *American Scholar* 68, no. 3 (summer 1999): 43–50.

42. Massaro, "Shame, Culture."

43. Etzioni, "Back to the Pillory?" ; Nussbaum, *Hiding from Humanity*.

44. Massaro, "Shame, Culture."

45. Etzioni, "Back to the Pillory?"

46. James Q. Whitman, "What Is Wrong with Inflicting Shame Sanctions?," *Yale Law Journal* 107, no. 4 (January 1998): 1055–1092.

47. Aaron S. Book, "Shame on You: An Analysis of Modern Shame Punishment as an Alternative to Incarceration," *William and Mary Law Review* 40, no. 2 (February 1999): 653.

48. Braithwaite, "Shame and Modernity."

49. Putnam, *Bowling Alone*.

50. Danielle Kurtzleben, "Americans Don't Disagree on Politics as Much as You Might Think," National Public Radio, November 27, 2015, www.npr.org, accessed January 20, 2016.

51. Jeb Bush and Brian Yablonski, "Restoration of Shame," in *Profiles in Character* (Tallahassee: Foundation for Florida's Future, 1995).

52. Liz Welch, "Six Women on Their Terrifying, Infuriating Encounters with Abortion Clinic Protesters," *Cosmopolitan*, February 21, 2014, www.cosmopolitan.com, accessed August 15, 2015.

53. Marc V. Calderaro, "Social Shaming: The Right to Be a Giant, Self-Righteous Asshole," *Medium*, May 13, 2015, https://medium.com, accessed September 28, 2016.

54. Jon Ronson, "How One Stupid Tweet Blew Up Justine Sacco's Life," *New York Times Magazine*, February 12, 2015, www.nytimes.com, accessed February 9, 2017. See also *So You've Been Publicly Shamed* (New York: Riverhead Books, 2015).

55. Greg Lukianoff and Jonathan Haidt, "The Coddling of the American Mind," *Atlantic*, September 2015, www.theatlantic.com, accessed July 25, 2015.

56. Cited in Alan M. Wachman, "Does Diplomacy of Shame Promote Human Rights in China?," *Third World Quarterly* 22, no. 2 (April 2001): 257–281. See also Peter

N. Stearns ed., *Global Outrage: The Impact of World Opinion on Contemporary History* (Oxford, U.K.: Oneworld, 2005).

57. Leora Tanenbaum, *I Am Not a Slut: Slut-Shaming in the Age of the Internet* (New York: Harper Perennial, 2015), and *Slut! Growing Up Female with a Bad Reputation* (New York: Perennial, 2000).

58. Ronson, *So You've Been Publicly Shamed*; Jon Ronson, "How One Stupid Tweet Blew Up Justine Sacco's Life," *New York Times Magazine*, February 12, 2015, www.nytimes.com, accessed July 15, 2015.

59. Ronson, *So You've Been Publicly Shamed*; Jennifer Jacquet, *Is Shame Necessary? New Uses for an Old Tool* (New York: Pantheon Books, 2015), 103.

60. Ronson, *So You've Been Publicly Shamed*.

61. Susanna Schrobsdorff, "Why Parents Should Not Punish Kids with Public Shaming," *Time* 186, nos. 1–2 (July 2015): 31–32.

62. Jacquet, *Is Shame Necessary?*

63. Lisa T. McElroy, "After a Public Shaming, Reclaiming My Dignity," *Washington Post*, April 24, 2015, www.washingtonpost.com, accessed July 25, 2015.

64. Caitlin Dewey, "How the 'Right to Be Forgotten' Could Take over the American Internet, Too," *Washington Post*, August 4, 2015, www.washingtonpost.com, accessed February 9, 2017; Ronson, *So You've Been Publicly Shamed*.

65. Wachman, "Does Diplomacy of Shame?"

66. Jacquet, *Is Shame Necessary?*; Shelby Steele, *Shame: How America's Past Sins Have Polarized Our Country* (New York: Basic Books, 2015).

后　记

1. Thomas J. Scheff, "Shame and the Social Bond: A Sociological Theory," *Sociological Theory* 18, no. 1 (2000): 84–99.

2. Morrison, *Culture of Shame*, 107.

3. Gershen Kaufman, *The Psychology of Shame: Theory and Treatment of Shame-Based Syndromes* (New York: Springer, 2004).

延伸阅读

直接关于耻辱史的文献很少，但现有的文献对我们有很大帮助。

关于羞耻感的社会心理学和人类学著作的导论

Benedict, Ruth. *The Chrysanthemum and the Sword: Patterns of Japanese Culture*. Boston: Houghton Mifflin, 1989. A classic in the field.

Fessler, Daniel M. T. "From Appeasement to Conformity: Evolutionary and Cultural Perspectives on Shame, Competition, and Cooperation." In Tracy, Robins, and Tangney, *Self-Conscious Emotions*, 174–94.

———. "Shame in Two Cultures: Implications for Evolutionary Approaches." *Journal of Cognition and Culture* 4 (2004): 207–62.

Lewis, Michael. "Self-Conscious Emotions: Embarrassment, Pride, Shame, and Guilt." In *Handbook of Emotions*, edited by Michael Lewis and Jeannette M. Haviland-Jones, 623–36. New York: Guilford Press, 2000.

Menon, Usha, and Richard A. Shweder. "Kali's Tongue: Cultural Psychology and the Power of Shame in Orissa, India." In *Emotion and Culture: Empirical Studies of Mutual Influence*, edited by Shinobu Kitayama and Hazel Rose Markus, 241–85. Washington, D.C.: American Psychological Association, 1995.

Sennett, Richard. *Authority.* New York: W. W. Norton, 1993.

———, and Jonathan Cobb. *The Hidden Injuries of Class.* New York: Norton, 1993.

Tracy, Jessica L., Richard W. Robins, and June Price Tangney, eds. *The Self-Conscious Emotions: Theory and Research.* New York: Guildford Press, 2007. A particularly important and wide-ranging collection. Both this book and the Michael Lewis article have wideranging psychological and social science references.

羞耻与经典哲学

Cua, Antonio S. "The Ethical Significance of Shame: Insights of Aristotle and Xunzi."

Philosophy East and West (2003): 147–202.

Geaney, Jane. "Guarding Moral Boundaries: Shame in Early Confucianism." *Philosophy East and West* 54, no. 2 (April 2004): 113–42. Covers an important aspect of intellectual history.

Konstan, David. *The Emotions of the Ancient Greeks: Studies in Aristotle and Classical Literature.* Toronto: University of Toronto Press, 2007.

Seok, Bongrae. "Moral Psychology of Shame in Early Confucian Philosophy." *Frontiers of Philosophy in China* 10, no. 1 (2015): 21–57.

Van Norden, Bryan W. "The Emotion of Shame and the Virtue of Righteousness in Mencius." *Dao* 2, no. 1 (2002): 45–77, esp. 63.

关于羞耻和惩罚

Friedman, Lawrence Meir. *Crime and Punishment in American History.* New York: Basic Books, 1993.

Hirsch, Adam J. "From Pillory to Penitentiary: The Rise of Criminal Incarceration in Early Massachusetts." *Michigan Law Review* 80, no. 6 (1982): 1179–269.

Lange, Christian. "Legal and Cultural Aspects of Ignominious Parading (Tashhir) in Islam." *Islamic Law and Society* 14, no. 1 (2007): 81–108.

Le Goff, Jacques, and Jean-Claude Schmitt, eds. *Le Charivari.* Paris: Editions de l'EHESS, 1981.

关于荣誉

Reddy, William M. *The Navigation of a Feeling: A Framework for the History of Emotions.* New York: Cambridge University Press, 2001.

Frevert, Ute. *Men of Honour: A Social and Cultural History of the Duel.* Cambridge, U.K.: Polity Press; Cambridge, Mass.: Blackwell Publishers, 1995.

Ikegami, Eiko. "Shame and the Samurai: Institutions, Trustworthiness, and Autonomy in the Elite Honor Culture." In "Shame," special issue, *Social Research* 70, no. 4 (winter 2003): 1353–78.

相关的家庭和文化历史

Demos, John. *A Little Commonwealth: Family Life in Plymouth Colony.* New York:

Oxford University Press, 2000.

Eustace, Nicole. *Passion Is the Gale: Emotion, Power, and the Coming of the American Revolution.* Chapel Hill: University of North Carolina Press, 2008.

Greven, Philip J. *The Protestant Temperament: Patterns of Child-Rearing, Religious Experience, and the Self in Early America.* Chicago: University of Chicago Press, 1988.

Kinney, Anne Behnke. *Representations of Childhood and Youth in Early China.* Stanford, Calif.: Stanford University Press, 2004.

Wahrman, Dror. *The Making of the Modern Self Identity and Culture in Eighteenth-Century England.* New Haven, Conn.: Yale University Press, 2004.

关于前现代西方模式

Boquet, Damien, and Piroska Nagy. *Sensible Moyen Âge. Une histoire des émotions dans l'Occident medieval.* Paris: Seuil, 2015.

Burrus, Virginia. *Saving Shame: Martyrs, Saints, and Other Abject Subjects.* Philadelphia: University of Pennsylvania Press, 2011.

McTaggart, Anne. *Shame and Guilt in Chaucer.* New York: Palgrave Macmillan, 2012.

Paster, Gail Kern. *The Body Embarrassed: Drama and the Disciplines of Shame in Early Modern England.* Ithaca, N.Y.: Cornell University Press, 1993.

关于20世纪的最新发展

Cohen, Deborah. *Family Secrets: Shame and Privacy in Modern Britain.* New York: Oxford University Press, 2013.

Demos, John. "Shame and Guilt in Early New England." In *Emotion and Social Change: Toward a New Psychohistory*, edited by C. Z. Stearns and P. N. Stearns, 69–86. New York: Holmes and Meier, 1988.

Nash, David, and Anne-Marie Kilday. *Cultures of Shame: Exploring Crime and Morality in Britain, 1600–1900.* London: Palgrave, 2010.

Ronson, Jon. *So You've Been Publicly Shamed.* New York: Riverhead Books, 2015. Though primarily focused on contemporary shame, the text has brief historical perspectives.

当代议题

Farrell, Amy. *Fat Shame: Stigma and the Fat Body in American Culture*. New York: New York University Press, 2011.

Jacquet, Jennifer. *Is Shame Necessary? New Uses for an Old Tool*. New York: Pantheon Books, 2015.

Massaro, Toni M., "Shame, Culture, and American Criminal Law." *Michigan Law Review* 89, no. 7 (June 1991): 1880–944.

McCarney, Scott. *Saints and Sinners: Gay Pride and Straight Shame*. Rochester, N.Y.: Scott McCarney / Visual Books, 2005.

Steele, Shelby. *Shame: How America's Past Sins Have Polarized Our Country*. New York: Basic Books, 2015.

Tanenbaum, Leora. *I Am Not a Slut: Slut-Shaming in the Age of the Internet*. New York: Harper Perennial, 2015.

——. *Slut! Growing Up Female with a Bad Reputation*. New York: Perennial, 2000.

关于当代东亚社会

Bedford, Olwen A. "The Individual Experience of Guilt and Shame in Chinese Culture." *Culture and Psychology* 10, no. 1 (2004): 29–52.

Benedict, Ruth. *The Chrysanthemum and the Sword: Patterns of Japanese Culture*. Boston: Houghton Mifflin, 1989.

Bond, Michael. "Emotions and Their Expression in Chinese Culture." *Journal of Nonverbal Behavior* 17, no. 4 (1993): 245–62.

Cua, Antonio S. "The Ethical Significance of Shame: Insights of Aristotle and Xunzi." *Philosophy East and West* (2003): 147–202.

Fung, Heidi. "Becoming a Moral Child: The Socialization of Shame among Young Chinese Children." *Ethos* 27, no. 2 (1999): 180–209.

Li, Jin, Lianqin Wang, and Kurt Fischer. "The Organization of Chinese Shame Concepts?" *Cognition and Emotion* 18, no. 6 (2004): 767–97.

Morris, Ivan. *Nobility of Failure*. Kurodahan Press, 2013.

Seok, Bongrae. "Moral Psychology of Shame in Early Confucian Philosophy." *Frontiers of Philosophy in China* 10, no. 1 (2015): 21–57.

Wong, Ying, and Jeanne Tsai. "Cultural Models of Shame and Guilt." In Tracy, Robins, and Tangney, *Self-Conscious Emotions*, 210–23.

Yang, Sungeun, and Paul C. Rosenblatt. "Shame in Korean Families." *Journal of Comparative Family Studies* 32, no. 3 (summer 2001): 361–75.

Zou, Zhimin, and Dengfeng Wang. "Guilt Versus Shame: Distinguishing the Two Emotions from a Chinese Perspective." *Social Behavior and Personality* 37, no. 5 (2009): 601–4.

广泛的法律研究方法

Braithwaite, John. *Crime, Shame, and Reintegration.* Cambridge: Cambridge University Press, 1989.

守望思想　　逐光启航

羞耻：规训的情感

[美] 彼得·N.斯特恩斯 著

聂永光 译

丛书主编　王晴佳
责任编辑　张婧易
营销编辑　池　淼　赵宇迪
封面设计　陈威伸　wscgraphic.com

出版：上海光启书局有限公司
地址：上海市闵行区号景路 159 弄 C 座 2 楼 201 室　201101
发行：上海人民出版社发行中心
印刷：上海盛通时代印刷有限公司
制版：南京展望文化发展有限公司

开本：890mm×1240mm　　1/32
印张：6.625　　字数：146,000　　插页：2
2024 年 4 月第 1 版　　2025 年 1 月第 3 次印刷
定价：73.00 元
ISBN: 978-7-5452-2000-1 / B·2

图书在版编目（CIP）数据

羞耻：规训的情感 /（美）彼得·N.斯特恩斯著；
聂永光译 . — 上海：光启书局，2024（2025.1 重印）
书名原文：Shame: A Brief History
ISBN 978-7-5452-2000-1

Ⅰ.①羞…　Ⅱ.①彼…　②聂…　Ⅲ.①情感—心理学
史—研究　Ⅳ.①B842.6-09

中国国家版本馆 CIP 数据核字（2024）第 058134 号

本书如有印装错误，请致电本社更换 021-53202430